农民教育培训·马铃薯产业兴旺

马铃薯

高效栽培与病虫害绿色防控

夏 莉 张晓红 王建英 ◎ 主编

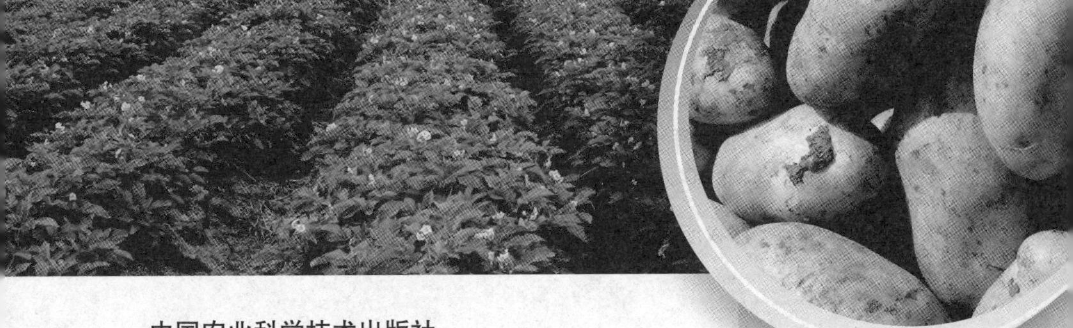

中国农业科学技术出版社

图书在版编目（CIP）数据

马铃薯高效栽培与病虫害绿色防控 / 夏莉，张晓红，王建英主编．—北京：中国农业科学技术出版社，2019.6（2024.10重印）

ISBN 978-7-5116-4212-7

Ⅰ.①马… Ⅱ.①夏…②张…③王… Ⅲ.①马铃薯-栽培技术②马铃薯-病虫害防治 Ⅳ.①S532②S435.32

中国版本图书馆 CIP 数据核字（2019）第 103994 号

责任编辑 崔改泵
责任校对 马广洋

出 版 者 中国农业科学技术出版社
北京市中关村南大街 12 号 邮编：100081
电　　话 （010）82109194（编辑室） （010）82109702（发行部）
（010）82109709（读者服务部）
传　　真 （010）82106650
网　　址 http：//www.castp.cn
经 销 者 各地新华书店
印 刷 者 鸿博睿特（天津）印刷科技有限公司
开　　本 880mm×1 230mm 1/32
印　　张 5
字　　数 134 千字
版　　次 2019 年 6 月第 1 版 2024 年 10 月第 2 次印刷
定　　价 31.80 元

版权所有・翻印必究

《马铃薯高效栽培与病虫害绿色防控》
编　委　会

主　编：夏　莉　张晓红　王建英

副主编：张娜娜　赵　亮　姚月霞　却瑞琴
杜彦江　刘世河　祝　臣　翟春华
郭文仙　申丽花　熊国权　王雪莉
王雪娟　庄文彬　张梦弛　班德权
常继光　周艳勇　董忠义　顾永革
马立花　李　芳　李成利　杨美利
代信英　孟　博

编　委：刘英杰　王　楠　王玉红　胡丽华
张迎梅　张海燕　李永香　梁　鹏
张　婧　石　磊　邵冬红　赵彩梅

前　言

马铃薯作为全国的主要农作物之一，支撑着全国人民的粮食供给问题。马铃薯种植面积广阔，仅次于小麦和玉米。马铃薯在人们的日常生活中担任着不可或缺的角色。过多地使用化学农药，导致我国马铃薯生产投入成本增加且农残问题难以解决，对马铃薯产业的平稳健康发展造成了威胁，而绿色防控技术能成功地解决这一问题，促进马铃薯产业的可持续发展。

本书主要讲述了马铃薯生产的概述、马铃薯的优良品种、马铃薯高效栽培技术、马铃薯保护地栽培技术、种薯的脱毒生产、马铃薯加工技术、马铃薯病虫害及绿色防控技术等方面的内容。

由于编者水平所限，加之时间仓促，书中错漏之处在所难免，恳切希望广大读者和同行不吝指正。

编　者

目　录

第一章　马铃薯生产的概述

马铃薯（*Solanum tuberosum*）因种植区域广泛而有许多俗名，又称土豆、洋芋、洋山芋、山药蛋、馍馍蛋、薯仔（香港、广州人的惯称）等。其块茎可供食用，是重要的粮食、蔬菜兼用作物。

第一节　马铃薯的植物学特性

马铃薯属于茄科、茄属，为一年生草本植物。现在已发现150多个二倍体（$2n=24$）的野生种和8个栽培种（$2n=2X\sim5X$，$X=12$）。其中最重要的是四倍体马铃薯种，目前世界上广泛种植的是适应长日照的四倍体马铃薯种——马铃薯亚种。

一、马铃薯的形态特征

（一）马铃薯的根

马铃薯（图1-1）属浅根系作物，根系大部分分布在土壤表层，一般根系向外伸展范围较小，约50cm，根系分布在地表下30~40cm，最深可达70cm。

马铃薯因繁殖方法不同而使根系有差别。用种子繁殖的根系有主根，从主根上生出许多侧根，侧根上有支根和毛根，主根和侧根有明显的区别。由于种子较小，初期形成的主根和侧根很不发达，所以幼苗生长缓慢。

用块茎繁殖发出的根都为须根，无主根、侧根之分。随着

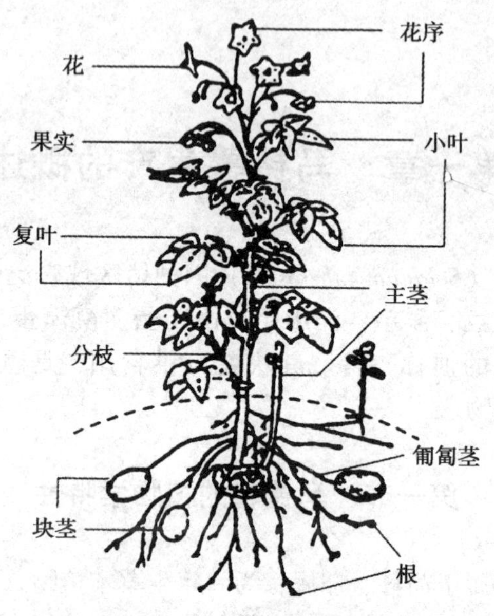

图 1-1　马铃薯植株形态

植株的生长，须根逐渐增多，形成强大的根系。须根又分为两种：一是靠芽眼处的茎基部 3～4 节所生的根，称为初生根，是主要的吸收根，分枝力很强；二是发生在地下匍匐茎周围的根，每个匍匐茎的节上生出 3～4 条，称为匍匐根，吸收磷肥的能力较强，专为薯块提供水分和养分，有利于块茎中淀粉的积累。

（二）马铃薯的茎

马铃薯的茎可分为地上茎和地下茎，地下茎又分为匍匐茎和块茎。

(1) 地上茎：幼苗出土后地上部的茎为地上茎。茎幼小时横断面为圆形，以后呈三棱形或四棱形。茎的棱边形成突起，称为翼，茎翼有直形翼与波形翼之分，是识别马铃薯种的标志之一。茎一般为绿色，有的茎为花青素掩蔽，呈淡紫色，是区分品种的重要特征之一。早熟品种植株较矮，茎高 50cm 左右，茎细弱，分枝较少而节位较高；中晚熟品种植株高大，茎高 100cm 左右，茎比较粗壮，节间长，分枝较多，多产生于茎的基部。

（2）匍匐茎：块茎发芽出苗后形成植株，地表以下的茎为地下茎。地下茎节间很短，在节间处生出根和匍匐茎。匍匐茎也称走茎，是茎的变态，是形成块茎的器官。匍匐茎呈白色，其长短因品种不同差异很大，一般 3～10cm，早熟品种较短，晚熟品种较长。在高温多湿、氮肥过量或培土过晚过浅时，匍匐茎易露出地面而成为地上茎，从而形不成块茎而降低马铃薯的产量。

（3）块茎：由匍匐茎顶端积累大量养分，膨大而形成的变态茎，是马铃薯的主要经济器官，同时又是繁殖器官（图 1-2）。

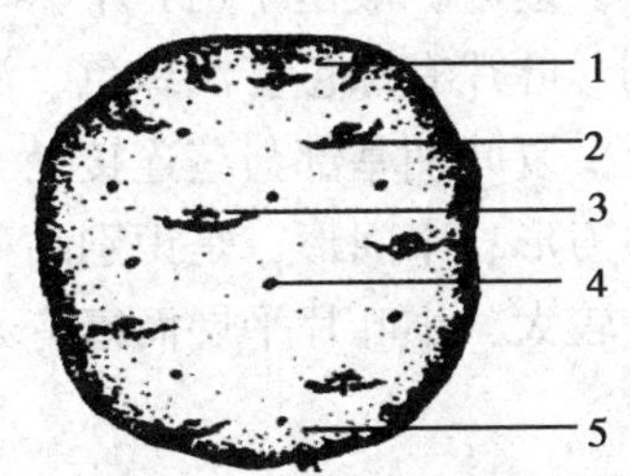

图 1-2　马铃薯块茎

1. 顶部；2. 芽眉；3. 芽眼；4. 皮孔；5. 脐部

块茎与匍匐茎连接的一端称为脐部（又称尾部），另一端为顶部（又称头部）。块茎上产生芽眼，顶部芽眼密集，一般先发芽，有顶端优势；脐部芽眼较稀。块茎表面有气孔（皮孔），通过气孔与外界进行气体交换，维持块茎的正常代谢。

优良品种薯形好，椭圆或长圆形，顶部不凹脐部不陷，表皮光滑，芽眼浅而少，便于清洗和去皮加工或食用。块茎皮色有白、黄、红及紫色，肉色有白、黄、紫等。有时由于环境条件不良会产生畸形薯（图 1-3），或在芽眼处继续膨大，形成小块茎，这种现象称为二次生长。

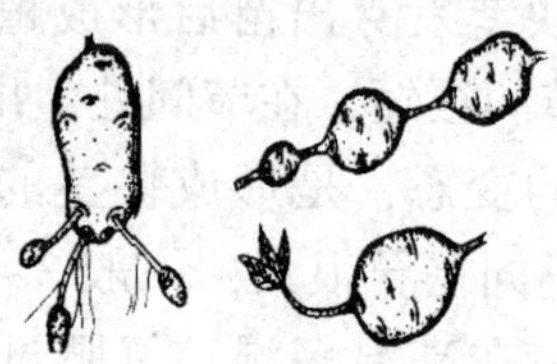

图 1-3　马铃薯的畸形薯

（三）马铃薯的叶

马铃薯出苗后最初生出的头几片叶为单叶，称为初化叶，叶毛较密，叶背面浅紫色，随着植株的生长，逐渐形成奇数羽状复叶，叶序对生。复叶一般由 7~11 片小叶组成，这些小叶大小依次相间排列。叶片有绿色、浅绿色、深绿色等。复叶呈螺旋形着生在茎上。复叶柄基部与茎连接处，有托叶 1 对，托叶形状有叶形、镰刀形、中间形，是识别品种的重要特征。正常健康的植株复叶较大，小叶片平展而富有光泽，叶肉组织表现绿色，深浅一致。

（四）马铃薯的花

马铃薯为聚伞花序，每朵花的小花梗着生在花序的分枝上，每个分枝着生 2~4 朵花。花为合瓣花，五角形，花萼有 5 个裂片，基部相连，多为绿色。花冠大小因品种而异，花色有白色、浅紫色、紫色、紫红色等。雌蕊 1 枚，着生在 5~7 枚雄蕊当中。每朵花开花时间为 3~5d，一个花序开花持续 15~30d，一般 8：00 左右开花，到 18：00 左右闭花。

早熟品种开花少，花期较短。中晚熟品种开花较多，花期较长，一般开花 2~3 层。马铃薯是自花授粉作物，但是由于柱头与花粉成熟期不同步，能天然结果的品种较少。

（五）马铃薯的果实和种子

马铃薯的果实为浆果，圆形或椭圆形，淡绿或紫绿，有的品种带有褐色斑纹或白点。浆果直径 1.5cm 左右，从受精到成熟需 30~40d。成熟后的浆果呈淡绿色或浅黄色。浆果多为 2 心室，一般浆果内有 100~300 粒种子。马铃薯种子极小，千粒重 0.5~0.6g，种子扁平，近圆形或卵圆形，呈淡黄色和暗灰色，表面粗糙。新收获的种子有 5~6 个月的休眠期，休眠期过后种子才能正常发芽，当年发芽率极低，都是在翌年春天才进行催芽播种的。未通过休眠期的种子用 1 500mg/kg 的赤霉素（九二〇）溶液浸种 12h，才能正常发芽。

二、马铃薯的生长阶段

马铃薯从播种到成熟收获分为 5 个生长发育阶段，早熟品种各个生长发育阶段需要时间短些，而中晚熟品种则长些。

（一）块茎的萌发和出苗期

块茎的萌发是指从种薯播种到幼苗出土的过程。未催芽的种薯播种后，温度、湿度条件合适的情况下，需 30d 左右幼苗出土，温度低时需 40d 才能出苗。催大芽加盖地膜播种的出苗最快，需 20d 左右。这一时期是马铃薯出苗、建立根系，为壮株和结薯的准备阶段，是马铃薯产量形成的基础，其生长发育过程的快慢与好坏关系到马铃薯的全苗、壮苗和高产。这时期所需的营养主要来源于母薯块，通过催芽处理（5~6 个短壮芽），使种薯达到最佳的生理年龄和最佳营养状态。

（二）幼苗期

幼苗期是指从幼苗出土到开始现蕾的阶段，完成幼苗期一般需要 15～20d。此期末主茎叶片展开完毕，幼苗出现分枝，匍匐茎伸出，有的匍匐茎顶端开始膨大，第一段茎的顶端现蕾，幼苗期结束。这时期植株的总生长量不大，但却关系到以后的发棵、结薯和产量的形成。这一时期的田间管理重点是及早中耕，协调土壤中的水分和氧气，促进根系发育，培育壮苗，建立强大的绿色体，为高产建立良好的物质基础。

（三）发棵期

发棵期是指从开始现蕾到开花初期的一段时间。经过20～30d 的生长，发棵期结束。发棵期是以茎叶迅速生长为主，并逐步转向块茎生长为特点，该期是决定单株结薯多少的关键时期。此期各项农业措施都应以建立强大的同化系统为中心进行。田间管理重点是对水肥进行合理调控，前期以肥水促进茎叶生长，形成强大的地上部分；后期中耕培土，控秧促薯，使植株的生长中心由茎叶生长为主转向以地下块茎膨大为主。中原二季作区的秋马铃薯以及南方二季作区的秋冬或冬春马铃薯，此期正处于短日照生长条件下，发棵不足，不会引起茎叶徒长，不需人为控制。

（四）结薯期

结薯期是指盛花至终花期的一段时间。结薯期长短受品种、气候条件、栽培季节、病虫害和农艺措施等影响。此期植株生长旺盛达到顶峰，块茎膨大迅速达到盛期，是地上部分重量达最大值及块茎增重的最大量期，是产量形成的关键时期，80%的产量是在此时形成的。这个时期的生长中心是新生块茎，块茎的体积和重量保持迅速增长趋势，直至收获。终花期后，植株叶片开始逐渐枯黄，甚至脱落，叶面积迅速下降。结薯期应采取一切农艺措施，加强田间管理和病虫害防治，防止茎叶早衰，尽量延长茎叶的功能期，使块茎积累更多光合产物。

（五）淀粉积累期

结薯后期地上部茎叶变黄，进入块茎淀粉积累期，直到茎叶枯死成熟。此时块茎不再膨大，淀粉不断积累，块茎重量迅速增加。此期以淀粉积累为中心，可以持续到茎叶完全枯死。茎叶完全枯萎时，块茎充分成熟，逐渐转入休眠。此期的管理措施应防止叶片早衰，也要防止后期水分和氮肥过多而造成贪青晚熟。

第二节　种植马铃薯的优势

马铃薯是我国第五大粮食作物，过去为解决农民的温饱问题发挥了关键作用，而未来的马铃薯产业发展仍将对保障我国粮食安全、促进农业现代化、发展区域经济等均具有重要的意义。种植马铃薯主要有以下几个优势。

一、马铃薯是一种适应性广，抗灾能力强，容易栽培的作物

马铃薯高度适应各种气候环境及土壤，从阿根廷南部的南纬 50°到挪威北部的北纬 70°，从接近海平面的地方到海拔 4 000m左右的南美高山和青藏高原都可种植，尤其适应在冷凉、昼夜温差较大的气候条件下生长和结薯。马铃薯喜欢微酸性土壤，土壤 pH 值为 4.8~7.1 时，都能生长，即使在盐碱地，土壤经过一定的处理和改良后，马铃薯也能健壮生长。

马铃薯早熟，抗灾能力强，农民都叫它“铁杆庄稼”，只要种上，多少都会有收成。因其收获器官在地下生长，受到土

壤的保护，使它具有耐旱、耐寒、耐贫瘠的特点，冰雹、冷害、冻害等自然灾害不会使其绝收。另外，其茎叶再生能力强，遭遇轻霜还可重新发棵、结薯。

马铃薯有良好的农艺性状，适合各种栽培制度，可春作、秋作、冬作，播种方式也有平播、垄播，近几年我国南方还有免耕法的栽培方式；还可以利用其矮秆、早熟、喜欢冷凉、容易种植等特性，积极推广与粮、棉、果树、蔬菜、药材等多种农作物间作套种，不仅合理地利用了不同层次土壤中的养分和水分，也合理地利用了空间、时间、地热和光能资源，在有限的土地上获得较高的产量。

二、马铃薯的产量高，增产潜力大

马铃薯亩（1 亩 ≈ 667m^2。全书同）产量一般为 1 500~2 250kg，高产的可达 3 000~5 000kg。按所产的干物质计算，马铃薯比其他粮食作物单位面积的干物质产量高 2~4 倍；若以所产的淀粉量为标准，在主要粮食作物中很少有一种作物能与马铃薯相比。

三、马铃薯营养价值高，有利于改善人们的膳食结构

马铃薯由于营养丰富，制作和食用方法多种多样，受到了全世界人民的普遍欢迎。新鲜马铃薯含有 76%~85%的水分和 15%~24%的干物质，它的营养物质都存在于干物质中，淀粉及糖类占鲜重的 13.9%~21.9%，蛋白质占 1.6%~2.1%。此外，马铃薯所含的维生素种类也很多，还含有铁、磷、钾、钙等营养元素，以及一定数量的脂肪和粗纤维。

马铃薯不但营养物质齐全，而且结构合理，尤其是蛋白质的分子结构与人体的蛋白质分子结构基本一致，极易被人体吸收利用。美国农业部门曾对马铃薯做出这样的评价："每餐只

吃全脂奶粉和马铃薯，便可得到人体所需的一切营养元素。”所以，一些国家又给马铃薯送了许多美称，如“地下苹果”“第二面包”“珍贵作物”等，可以说“马铃薯是十全十美的全价食物。”其主要营养物质如下。

（1）蛋白质：马铃薯鲜块茎中蛋白质含量一般为1.6%~2.1%，高蛋白质品种含量可达3%以上，其蛋白质与动物蛋白相近，可以与鸡蛋媲美，极易消化吸收，并且组成蛋白质的氨基酸种类丰富，含有人体所需要的各种必需氨基酸。

（2）脂肪：马铃薯块茎的脂肪含量极低，一般在0.1%左右，是典型的低脂肪食品。

（3）糖类：马铃薯块茎中含有单糖（还原糖，包括蔗糖和果糖）和多糖（淀粉，包括直链淀粉和支链淀粉），一般含量为13.9%~21.9%，其中淀粉占85%左右，也就是说，大多数马铃薯品种块茎中的淀粉含量为11.8%~18.6%。还原糖在油炸时容易变色发褐，故其含量是马铃薯油炸加工专用品种的一个重要指标。另外，块茎中还含有0.6%~0.8%的粗纤维，也称膳食纤维，其含量是小米、大米和面粉的2~14倍。

（4）矿物质：马铃薯块茎中含有较多的钾、钙、磷、铁等成分，还含有镁、硫、氯、硅、钠、硼、锰、锌和铜等人和动物必需的营养元素。马铃薯的矿物质多呈碱性，这是一般蔬菜所不及的，故马铃薯为碱性食品，可中和酸性食品（大米、白面、动物食品等）的酸度，保证人体内的酸碱平衡。

（5）维生素：马铃薯含有多种维生素，这是其他作物所不及的，如维生素C、胡萝卜素（维生素A）、硫胺素（维生素B_1）、核黄素（维生素B_2）、泛酸（维生素B_5）、烟酸（维生素B_3）等，其中以维生素C的含量最多。一个成年人每天吃500g马铃薯，即可满足体内对维生素C的全部需要量。这就是为什么我国高寒地区人们在冬季缺乏蔬菜水果的情况下，长期食用马铃薯仍能保持身体健康的重要原因。

（6）花青素：最近研究表明，紫色马铃薯（也称为黑色马铃薯）含有较高的花青素（有人称花青素是人类继水、蛋白质、脂肪、碳水化合物、维生素、矿物质之后的第七大必需营养素），它是一种强有力的抗氧化剂，可清除自由基的危害，其效率远高于维生素 C 和维生素 E。花青素还能增强血管弹性，改善循环系统和增进皮肤的光滑度，抑制炎症和过敏反应，改善关节的柔韧性，特别能帮助预防多种与自由基有关的疾病，包括癌症、心脏病、过早衰老、关节炎等。

马铃薯所含物质中也有不尽如人意的地方，就是马铃薯块茎含有一种叫作龙葵素的生物碱，这种生物碱的含量因品种而异。现在推广应用的品种，在正常收获和保存的条件下，块茎中龙葵碱的含量均很低，对食用品质没有影响。但是，当块茎长时间暴露在光照条件下，或当块茎开始发芽时，其龙葵素的含量显著增加，此时已不宜食用。

四、马铃薯用途广泛，经济效益好

马铃薯具有多种用途，既是粮又是菜，在生育期较短的北方和高寒山区，人们以马铃薯和玉米为主食。马铃薯相比其他蔬菜来说耐贮运，对调节淡季的蔬菜供应起着重要作用。随着人们对马铃薯营养价值认识的加深，“只有穷人才吃马铃薯”的偏见逐渐被改变了。因此，无论在餐桌食品中，还是在消闲食品中，马铃薯都占有一定的位置。

马铃薯的营养价值高，是发展畜牧业的优质饲料，不仅块茎可以做饲料，其茎叶还可做青贮饲料和青饲料。用它喂养畜禽，可以增加肉、蛋、奶的转化。除此之外，马铃薯的茎叶又是极好的绿肥，茎叶鲜嫩多汁，入土后容易腐烂转化，肥效快。

在工业加工上，马铃薯淀粉及其衍生物以自身独有的特性成为纺织业、造纸业、化工、建材等许多领域的优良添加剂、增强剂、黏合剂及稳定剂；在医药制造业中，可以生产酵母、多种酶、维生素、人造血浆及药品的添加剂等；在食品工业中，可加工成油炸薯条、薯片及膨化食品，加工后的经济效益十分可观。

因此种植马铃薯，无论是对解决高寒贫困地区农民的脱贫问题，还是对实现发达地区农民的致富愿望，都具有非常重要的意义。

第二章　马铃薯的优良品种

第一节　马铃薯优良品种介绍

马铃薯北方一季作区包括东北三省大部，华北地区的河北省北部、山西省北部、陕西省北部和内蒙古自治区（全书简称内蒙古），西北地区的宁夏回族自治区（全书简称宁夏）、甘肃省、青海省和新疆维吾尔自治区天山以北的区域。本区是中国马铃薯的主要产区，也是我国主要的种薯生产基地，每年调出大量种薯，供应中原二季作区和南方秋冬作区。

该栽培区域大部分省、自治区的气候特点是春季干旱，素有“十年九春旱”的说法；春天气温低，风大，晚霜结束迟，早霜出现得早，无霜期短，一年只种一季马铃薯；夏季气候凉爽，昼夜温差大，光照充足，7 月降雨集中，利于马铃薯的生长，马铃薯生长季节主要在夏季。

该区以选择种植高产、抗晚疫病、抗病毒病的中晚熟或晚熟的专用型（鲜食或淀粉加工）品种为主，以种植少部分早熟或中早熟鲜食菜用型品种为辅，以供应当地蔬菜市场或为中原地区提供种薯。该区马铃薯栽培历史悠久，产业化程度高，各地都有较多的地方品种，现简要介绍一些品种。

一、青薯二号

（1）植株性状：幼苗直立、浅绿色，株丛繁茂，株形直立高大，生长势强。株高（88.00±10.33）cm，茎粗（1.15±0.21）cm，茎绿色、茎横断面三棱形，直状。主茎数（3.0±1.0）个，分枝数（5.0±1.0）个，着生部位较高，叶色深绿，中等大小，边缘平展，复叶椭圆形，排列中等紧密，互生或对生，有5对侧小叶，顶小叶钝形，次生小叶8对，互生或对生，第二对较大，托叶呈镰形。

（2）花果性状：聚伞花序，有7~10朵花，排列较疏松，花蕾椭圆形，绿中带紫色，总花梗长12.00~18.00cm，花柄节紫色；萼片黄绿色，披针形，花冠浅紫色，直径（3.40±0.20）cm；花瓣尖，深红色，基部浅绿紫色，雌蕊花柱长，柱头圆形，二分裂，绿色；雄蕊5枚，聚合成圆柱状，黄色。无天然果。

（3）薯块形状：薯块圆形，表皮光滑，白皮白色，致密度紧。芽眼浅，芽眼数7~9个，芽眉直形，脐部浅，结薯集中，休眠期（35±4）d，耐贮藏。

（4）经济性状：单株产量（0.80±0.30）kg，单株结薯数（5.0±2.0）个，单块重（0.18±0.10）kg，块茎淀粉25.83%，蒸食品味好，维生素C 20.93mg/100g，粗蛋白1.66%，还原糖0.6267%。

（5）属性及生育期：晚熟。播种至出苗期（42±5）d，期间≥5℃的积温（367.10±3.80）℃；出苗至现蕾期（30±3）d，期间≥5℃的积温（373.0±4.3）℃；现蕾至成熟期（88±6）d，期间≥5℃的积温（1 467.0±9.5）℃；生育期（118±8）d，期间≥5℃的积温（1 841.3±10.2）℃，全生育期（160±5）d，期间≥5℃的积温（2 208.4±12.6）℃。

（6）抗逆性：耐旱、耐寒性强，耐盐碱性强。

（7）抗病性：抗晚疫病、环腐病、黑胫病，抗花叶和卷叶病毒，轻感早疫病。

二、青薯 4 号

该品种是青海省农林科学院作物研究所以牛头为母本、底西瑞为父本杂交而成的马铃薯品种。2003 年通过青海省农作物品种审定委员会审定。

该品种属晚熟品种，生育期 162d 左右。株高 110cm 左右，茎粗 1.4cm；主茎数 2~4 个，分枝数 3~5 个，株型高大直立，生长势强；薯块椭圆形，表皮光滑，白皮白肉，芽眼浅，芽眼 5~7 个；结薯集中，单株结薯数 7~11 个。块茎含淀粉 17.12%、维生素 C 24.6mg/100g、粗蛋白 1.86%、还原糖 0.54%，蒸熟味好。耐旱、耐寒、耐盐碱性强，薯块耐贮藏。较抗晚疫病、环腐病、黑胫病，抗花叶病毒病。平均产量 2 912kg/亩。

栽培要点：适宜青海省水田及山地种植，并适宜我国北方一作区种植；播前选择无病、无伤的 30~50g 幼壮薯作种，整薯播种。适宜播期 4 月中旬，播种量 150~200kg/亩；行距 70cm、株距 25~30cm，水田密度 3 000株/亩、旱地密度 4 000株/亩。热量高的水田区实行宽行大垄和等行距种植，也可实行宽窄行种植，宽行 80~100cm、窄行 25~30cm；热量低的山地可起垄等行距种植。

三、青薯 6 号

该品种是由青海省农林科学院用固 33-1×92-9-44 杂交选育而成，2005 年通过青海省农作物品种审定委员会审定，2009 年通过国家农作物品种审定委员会审定。

青薯 6 号是中晚熟油炸薯片加工品种，生育期 115d 左右。株高 59cm 左右，株型直立，生长势强，分枝少，枝叶繁茂，茎、叶绿色，花冠紫色，天然结实性差；薯块圆形，白皮白肉，芽眼浅；区试平均单株结薯数为 4.3 个。中抗马铃薯 X、Y 病毒病，高抗马铃薯晚疫病；区试田间有晚疫病发生。块茎品质：淀粉含量 12.8%，干物质含量 23.2%，还原糖含量 0.30%，粗蛋白含量 2.38%，维生素 C 含量 16.9mg/100g 鲜薯。

栽培要点：适宜在西北一季作区的青海东南部、宁夏南部、甘肃中部种植。播前结合整地，重施基肥；4 月中旬，选用优质脱毒种薯播种。每亩种植密度：水地 4 000株，旱地 4 500株。苗齐后除草松土，开花前及时灌水、施肥、培土；及时防治晚疫病。

四、青薯九号

（1）植株性状：幼芽顶部尖形、呈紫色，中部绿色，基部圆形，紫蓝色，稀生茸毛。幼苗开展、绿色，植株开展。株高（97.0±10.4）cm，茎粗（1.46±0.12）cm，茎紫色，横断面三棱形。主茎数（2.60±0.49）个，分枝数（13.90±0.83）个，着生部位较高，叶较大，深绿色，茸毛较多，叶缘平展，复叶大，椭圆形，排列较紧密，互生或对生，有 5 对侧小叶，顶小叶椭圆形；次生小叶 6 对互生或对生，托叶呈圆形。

（2）花果性状：聚伞花序，7～9 朵花，花序排列中等；花蕾绿色，长圆形；总花梗长（10.50±1.41）cm；萼片披针形，浅绿色；花柄节浅紫色。花冠浅红色，直径（3.29±0.11）cm，具黄绿色五星轮纹；花瓣尖白色，雌蕊花柱长，柱头圆形，二分裂，绿色；雄蕊黄色，圆锥形整齐聚合在子房周围。无天然果。

（3）薯块性状：薯块椭圆形，表皮红色，有网纹，薯肉黄色；芽眼较浅，芽眼数（9.3±1.57）个，红色；芽眉弧形，脐部凸起。结薯集中，较整齐，耐贮性中等，休眠期（45±

5）d。

（4）经济性状：单株结薯数（8.60±2.80）个，单株产量（945.00±0.61）g，单薯平均重（117.39±4.53）g，淀粉含量19.76%，还原糖0.253%，干物质25.72%，维生素C 23.03mg/100g。

（5）属性及生育期：属中晚熟品种。播种至出苗（40±3）d,期间≥5℃的积温为（467.40±5.90)℃；出苗至现蕾（30±3）d，期间≥5℃的积温为（409.20±6.80)℃；现蕾至成熟（95±3）d，期间≥5℃积温（1 528.00±16.60)℃；生育期（125±5）d,期间≥5℃积温（1 937.20±13.70)℃；全生育期天数为（165±5）d，期间≥5℃积温（2 404.80±46.30)℃。

（6）抗旱性突出：该品种属中晚熟品种，生育期120d左右。株高（97.00±10.40）cm，分枝多，中后期生长势强。植株田间抗晚疫病，抗病毒病，在干旱、半干旱地区种植其抗旱性表现突出。

（7）丰产性好：该品种结薯集中、均匀，商品率82.2%；单株结薯数（8.6±2.8）个，单株产量（945.00±0.61）g；增产潜力大，一般水肥条件下种植产量2 250~3 000kg/亩，高水肥条件下产量可达3 000~4 000kg/亩。

（8）品质优良：该品种干物质含量25.72%，淀粉含量19.76%，还原糖含量0.253%，维生素C含量23.03mg/100g。该品种蒸、煮、炒、炸，口感俱佳。

五、内薯7号

该品种是内蒙古呼盟农业科学研究所以呼单81-118为母本，呼单80-298为父本，在1982年杂交选育而成。

内薯7号属中晚熟高淀粉优质马铃薯品种，生育期100d左右，淀粉含量高达21%~25%，比目前我国生产上的一般马铃薯品种高 5%~8%。株高 65cm 左右，分枝数多，茎绿色，复叶大，茸毛多，叶缘波状，侧小叶 4~5 对；花冠白色，花粉量中等，能天然结实。该品种结薯集中，薯块圆形，浅黄皮黄肉，表皮较粗糙，芽眼较浅，单株结薯较多，一般单株结薯 9~12 块。该品种休眠期较短，应注意保证适宜储藏条件。高抗环腐病和卷叶病毒病，田间高抗晚疫病。蒸食品质好，是目前淀粉加工企业较为理想的加工品种。较抗旱，稳产性好，较耐水肥，一般亩产 1 500~2 000kg，高产地块可达 3 000kg。

适宜内蒙古和其他省（自治区、直辖市）的一季作区种植，适用于淀粉加工和食用。采用优质脱毒种薯，播种密度以每亩 3 500~4 000株为宜。播前种薯应提前出窖催芽晒种，当芽长 1cm 左右时切块播种或整薯播种。

六、蒙薯 14 号

该品种是内蒙古呼盟农业科学研究所以呼单 81-118 作母本，内薯 7 号作父本采用复合杂交方法选育而成。2003 年通过内蒙古自治区农作物品种审定委员会审定（审定号：蒙审薯 2003001 号）。

蒙薯 14 号为中熟高淀粉优质马铃薯品种，出苗至成熟 95d 左右，淀粉含量 20. 9%~26. 4%，食味好，适用于淀粉加工和食用；株型半直立，分枝数中等，株高 70cm 左右，茎绿色，复叶较大，侧小叶 5 对左右。花冠白色；薯块圆形，黄皮黄肉，表皮较粗糙，芽眼数目中等、浅，结薯集中，整齐均匀。该品种大、中薯率高达 90%以上，耐储藏。植株和块茎抗疫病能力强，抗主要病毒病能力强；抗旱耐涝能力极强。

适于在内蒙古自治区及其他省（自治区、直辖市）的一季作区作为淀粉加工和食用品种种植。适于岗坡、沙壤土、黑土等排水良好地块，适当增施有机肥和磷钾肥可显著提高产量和淀粉含量。亩保苗 3 800~4 000株为宜。

七、同薯 20 号

该品种是山西省农业科学院高寒作物研究所选育的多用型马铃薯新品种，2005 年 6 月通过国家农作物品种审定委员会审定（审定号：国审薯 2005001）。

同薯 20 号属中晚熟品种，出苗至成熟 110d 左右。株型直立，株高 70~95cm，茎秆粗壮，分枝多，单株主茎平均 2.3 个。叶色深绿，枝叶繁茂。花冠白色，可天然结实。块茎圆形，黄皮黄肉，薯皮光滑，芽眼深浅中等，结薯集中，薯块大小中等，整齐度高，单株平均结薯 4.7 个。块茎膨大快，但膨大期遇降雨或灌溉不均，容易出现空心现象。抗旱耐瘠，耐盐碱，对病毒病、晚疫病有较强抗性，抗环腐病和黑胫病。干物质含量 24.0%，淀粉含量 16.7%，粗蛋白、还原糖、维生素 C 含量高，食味口感佳，适于鲜薯食用、鲜薯出口和淀粉加工。

栽培要点：在华北、西北、东北大部分一季作区均可种植；一季作区以在 5 月上、中旬播种为宜，9 月下旬至 10 月上旬收获。播前催芽，每亩栽 3 500~4 000株；施足底肥。最好集中窝施，配合施用一定数量的磷钾肥，前期以促为主，适时追肥。注意膨大期均匀灌溉，避免和减少空心；块茎形成期深中耕分次培土，促控结合，多次中耕高培土，促进薯块膨大和成熟。

八、东农 306

该品种是东北农业大学 2000 年从美国引进的全紫色特色马铃薯品种 AHBlue，经脱毒试管苗培养，选育出的优良株系。2006 年通过黑龙江省农作物品种审定委员会审定（审定号：黑审薯 2006002）。

该品种为中熟类型，生育期 85d 左右。植株高度 60cm 左右，株型直立，分枝少，茎淡紫色，叶片绿色，叶缘平展，复叶肥大。花紫色，蓝紫色花冠，花期长，能够天然结实。块茎椭长筒形，紫皮紫肉，表面光滑，芽眼浅，块茎较匀称整齐，结薯集中，大、中薯率 55.8%。淀粉含量 16.8%。田间表现植株中抗晚疫病，中抗马铃薯 X 病毒。

适于黑龙江省各地种植；播前 1 个月出窖困种催芽，一般在 4 月中下旬至 5 月上旬。避免前茬为烟草或其他茄科作物的地块，采用垄作点播方式种植，适宜种植密度 5.2 万~5.7 万株/hm^2。生育期间保证三铲三趟和及时培土，严格防治晚疫病，7 月下旬至 8 月上旬连续喷药 3~4 次（间隔 1 周）。

九、陇薯 3 号

该品种是由甘肃省农业科学院育成的高淀粉马铃薯品种，中晚熟品种，生育期 105d 左右。株型半直立较紧凑，块茎扁圆或椭圆形，皮稍粗，块大而整齐，黄皮黄肉，芽眼较浅并呈淡紫红色，薯顶芽眼及脐部下凹。结薯特集中，分布较浅，单株结薯 5~7 块，大、中薯率 90%~97%。块茎休眠期长，耐储藏。食用品质优良，口感好，有香味。薯块干物质 21.4%~30.7%，淀粉含量平均 21.2%，粗蛋白 1.88%，维生素 C 25mg/100g 鲜薯，还原糖 0.13%。亩产 2 500kg，最高可达 3 500kg 以上。植株高抗晚疫病，对花叶、卷叶病毒病具有田间抗性。

栽培要点：此品种水旱地均可种植；应采用脱毒种薯。一般种植密度为 4 000~4 500株/亩，旱薄地种植 5 000株/亩左右。种薯切块稍大为宜，深播种高培土，重施基肥，早施追肥。

十、陇薯 6 号

甘肃省农业科学院粮食作物研究所用武薯 86-6-14×陇薯 4 号杂交选育出的中晚熟鲜食品种，2005 年通过国家农作物品种审定委员会审定（审定号：国审薯 2005002）。

陇薯 6 号为中晚熟品种，出苗后生育日数 115d 左右。株型半直立，株高 70~80cm，茎绿色，叶深绿色，花冠乳白色，雄蕊黄色，无天然结实。块茎扁圆形，淡黄皮白肉，芽眼较浅，单株结薯 5~8 个，商品薯率 73.1%。主茎分枝较多，块茎休眠期中长，较耐储藏。田间表现抗退化能力强，抗晚疫病。室内接种鉴定：中抗轻花叶病毒病，感重花叶病毒病，中感晚疫病。块茎品质：干物质含量为 23.3%，粗淀粉含量为 16.1%，粗蛋白含量为 2.16%，维生素 C 含量为 11.2mg/100g 鲜薯，还原糖含量为 0.36%。

栽培要点：本品种适宜在甘肃高寒阴湿及二阴地区，宁夏南部、青海东南部、河北北部、内蒙古中部、山西北部北方一季作区种植；高寒阴湿、二阴地 4 月中旬播种，半干旱地 4 月上、中旬播种，不宜迟播。每亩种植密度：一般地块 4 000株，旱薄地 5 000株。管理上注意早促快发、先促后控，重施底肥，氮、磷肥配合；早施追肥，切忌氮肥过量。早除草、早中耕培土，培土垄要高而陡。水肥条件好的地块，7 月上旬初花期株高超过 60cm、有徒长趋势时，及时喷施多效唑或马铃薯膨大素控制徒长。

十一、冀张薯 8 号

该品种是河北省高寒作物研究所（张家口市农业科学院）720087×X4.4（引自 CIP 杂交实生种子）有性杂交系统选育而成中晚熟鲜食品种。2006 年通过国家农作物品种审定委员会审定（审定号：国审薯2006004）。

该品种为中晚熟品种，出苗后生育期99d。株型直立，株高68.7cm，茎、叶绿色，花冠白色，天然结实性中等，块茎椭圆形，淡黄皮、乳白肉，芽眼浅，薯皮光滑，单株结薯5.2个，商品薯率75.8%。高抗轻花叶病毒病，高抗重花叶病毒病，轻度至中度感晚疫病。块茎品质：鲜薯维生素C含量16.4mg/100g，淀粉含量14.8%，干物质含量23.2%，还原糖含量0.28%，粗蛋白含量2.25%；蒸食品质优。

栽培要点：本品种适宜在河北张家口和承德、山西大同和忻州、内蒙古呼和浩特和乌兰察布市、陕西榆林中晚熟华北一作区种植。河北北部、内蒙古4月底至5月初播种，9月中下旬收获。播种前18~20d种薯出窖，以10cm厚度平铺于暖室，18℃催芽12d，芽基催至0.5~0.7cm时转到室外晒种8d。每亩播种密度3 500~4 000株。施足基肥，及时中耕培土；及时喷施农药，防治马铃薯晚疫病等病虫害，及时拔除病株，适时收获。

十二、晋薯16号

山西省农业科学院高寒区作物研究所由NL94014×9333-11杂交选育而成。2007年通过山西省农作物品种审定委员会审定。

晋薯16号为中晚熟鲜食品种，生育期110d左右。该品种株型直立，分枝3~6个，植株生长整齐，茎秆粗壮，叶形细长，复叶较多，花冠白色，叶色深绿。株高95~110cm，天然结实少，浆果有种子。薯形长扁圆，黄皮白肉，芽眼深浅中等，结薯集中，单株结薯4~5块，大薯率85%左右，干物质含量22.3%，维生素C含量12.6mg/100g鲜薯，粗蛋白2.35%。块茎休眠期中等，耐储藏，抗病性、抗旱性较强，蒸、煮食味兼优。

栽培要点：本品种适宜在山西、内蒙古、河北、东北大部和西北一季作区种植。春耕时亩施农家肥 1 000kg 作底肥，播前亩施磷酸二铵 25kg，适当增施硫酸钾。播种密度：每亩 3 000~3 500株。有灌水条件的地方在现蕾至开花期注意浇水，随水亩施尿素 15~20kg，及时中耕、除草，分两次进行高培土以增加结薯层次，提高产量。

十三、中薯 9 号

由中国农业科学院蔬菜花卉研究所用 Shepody×中薯 3 号有性杂交系统选育而成，2006 年通过国家农作物品种审定委员会审定（审定号：国审薯 2006003）。

中薯 9 号为中晚熟鲜食品种，出苗后生育期 95d。植株直立，生长势强，株高 60cm，分枝少，茎与叶均绿色，复叶较大，叶缘轻微波浪状，花冠白色，天然结实性强，块茎长圆形，淡黄皮、淡黄肉，薯皮光滑，芽眼浅，匍匐茎短，结薯集中，块茎大而整齐，商品薯率 85. 1%。抗轻花叶病毒病，感重花叶病毒病，轻度至中度感晚疫病。块茎品质：鲜薯维生素 C 含量 14. 3mg/100g，淀粉含量 13. 1%，干物质含量 20. 6%，还原糖含量 0. 46%，粗蛋白含量 2. 08%；蒸食品质优。

栽培要点：本品种适宜在河北张家口和承德、山西大同和忻州、内蒙古呼和浩特和乌兰察布市、陕西榆林中晚熟华北一作区种植。选择土质疏松地块播种，忌连作，禁止与其他茄科作物轮作，留种田应与商品薯生产田及其他病源作物隔离。播前种薯催芽、晒种，10cm 土层地温稳定通过 8℃ 时播种。无灌溉条件地块宜采用平作点播，出苗后培土；有灌溉条件地块可垄作点播。种植密度：每亩 3 500~4 000株。施足基肥，按当地生产水平增施有机肥，合理追肥。生育期间及时中耕培土，及时灌溉，严格防治晚疫病，适时收获。

十四、中薯10号

该品种是中国农业科学院蔬菜花卉研究所、加拿大农业部马铃薯研究中心用F79055×ND860-2有性杂交系统选育而成的中熟炸片品种，2006年通过国家农作物品种审定委员会审定（审定号：国审薯2006005）。

中薯10号为中熟炸片加工型品种，出苗后生育期85d。株型直立，生长势中等，株高52cm，分枝少，枝叶繁茂中等，茎与叶均绿色，复叶中等大小，叶缘平展，花冠白色，天然结实性强。块茎圆形，淡黄皮、白肉，薯皮粗糙，芽眼浅，匍匐茎短，结薯集中，块茎大而整齐，单株结薯数3.9个，商品薯率83.5%。鲜薯维生素C含量11.5mg/100g，淀粉含量13.8%，干物质含量20.8%，还原糖含量0.17%，粗蛋白含量2.07%。抗轻花叶病毒病，高抗重花叶病毒病，轻度至中度感晚疫病。

栽培要点：本品种适宜区同中薯9号。播前种薯催芽、晒种；选择土质疏松、有灌溉条件地块播种，忌连作，禁止与其他茄科作物轮作。留种田应与商品薯生产田及其他病源作物隔离。有灌溉条件的地块垄作点播。种植密度：每亩4500~5000株，宽垄栽培为宜。施足基肥，按当地生产水平适当增施有机肥和磷钾肥，合理运筹氮肥。生育期间及时中耕培土，及时灌溉，严格防治晚疫病，9月中下旬收获。

十五、中薯2号

中薯2号是中国农业科学院蔬菜花卉研究所育成，1990年通过北京市农作物品种审定委员会审定。

属极早熟品种，从出苗到收获50~60d，适宜作蔬菜鲜食及加工用。株高65cm，分枝较少，茎浅褐色，株型扩散，复叶中等大小，叶色深绿，生长势强。花冠紫红色，天然结果性强。块茎近圆形，皮肉淡黄色，表皮光滑，芽眼浅，结薯集中块茎大，单株结薯4~6块，休眠期2个月，一般亩产2 000~2 500kg。块茎淀粉含量14%~17%，粗蛋白含量1.4%~1.7%，每100g鲜薯维生素C含量27~32mg，还原糖含量0.2%左右。植株抗花叶和卷叶病毒病，易感染Y病毒和疮痂病。亩栽4 500~5 000株，对肥水要求高，干旱缺水易产生畸形薯块，亩用切块种薯125kg左右。

十六、中薯3号

中薯3号是中国农业科学院蔬菜花卉研究所育成的品种。2005年通过国家农作物品种审定委员会审定（审定编号：国审薯2005005）。

该品种属早熟品种，从出苗到收获约60d。适合作蔬菜鲜食及炸片加工利用。株高55~60cm，株型直立，茎紫色，分枝较少。复叶较大，小叶绿色，茸毛少，4对侧小叶。花冠白色，花药橙黄色，能天然结实。块茎扁圆或扁椭圆形，芽眼浅，表皮光滑，皮肉均为黄色。薯块大而均匀，大、中薯率90%以上。结薯集中，单株结薯4~5个。春薯收获后55~65d后可通过休眠，比较耐贮藏。食用品质好，块茎干物质含量为19.6%，淀粉13.5%，粗蛋白1.82%，维生素C 22.5mg/100g鲜薯，还原糖0.35%。

该品种植株抗卷叶病毒和Y病毒病，较抗X病毒，不抗晚疫病；适应性较强，较抗瘠薄和干旱，分布范围广。适合一二季作地区的早熟栽培，尤其适合在北京、河北、河南、山东、安徽、浙江、山西南部等中原二季作地区，云南、贵州、湖北西南混作区，以及新疆、陕西等西北地区栽培，可与玉米、棉花等作物间、套作。春季利用地膜覆盖可提前播种、提前收获。栽培密度每亩 4 000~4 500株，播前施足基肥，以农家肥为主，每亩 2 000~3 000kg；播时适当施用种肥，每亩 30~50kg 复合肥。

十七、中薯 4 号

由中国农业科学院蔬菜花卉研究所从东农 3012×85T-13-8 选育而成。2004 年通过国家农作物品种审定委员会审定（审定编号：国审薯 2004001）。

中薯 4 号属早熟鲜食品种，蒸食品质优良。出苗后生育期 67d 左右，常温条件下块茎休眠期 60d 左右，休眠期中等，块茎性状优良，商品薯符合鲜薯出口要求。株型直立，株高 50cm 左右，叶绿色，复叶挺拔、大小中等，茎绿色，基部紫褐色，分枝少，生长势中等。花冠紫红色，能天然结实。结薯集中，块茎长圆形，大而整齐，淡黄皮淡黄肉，表皮光滑，芽眼少而浅，商品薯率 71%~80%。鲜薯含干物质 18.34%，淀粉 11.64%，还原糖 0.39%，粗蛋白 1.81%，鲜薯维生素 C 24.5mg/100g。抗轻花叶病毒病（PVX），中抗重花叶病毒病（PVY），感卷叶病毒病（PLRV），不抗晚疫病，重病区要加强预防。

适宜在北京、河南、安徽、山东等中原二季作区两季栽培，辽宁、黑龙江等北方一季作区早熟种植，南方冬作区冬季种植及西南山区二季栽培。

十八、中薯 7 号

由中国农业科学院蔬菜花卉研究所用中薯 2 号×冀张薯 4 号有性杂交系统选育而成的早熟鲜食品种，2006 年通过国家农作物品种审定委员会审定（审定编号：国审薯 2006001）。

出苗后生育期64d。株型半直立，生长势强，株高50cm，叶深绿色，茎紫色，花冠紫红色，块茎圆形，淡黄皮、肉乳白，薯皮光滑，芽眼浅，匍匐茎短，结薯集中，商品薯率平均61.7%。块茎品质：鲜薯维生素C含量32.8mg/100g，淀粉含量13.2%，干物质含量18.8%，还原糖含量0.20%，粗蛋白含量2.02%。中抗轻花叶病毒病，高抗重花叶病毒病，轻度至中度感晚疫病。

栽培要点如下。

(1) 适宜范围：在北京、上海、江苏、浙江、安徽、江西、山东、河南中原二作区春、秋两季种植，福建、广东、广西南方冬作区冬季早熟栽培。

(2) 间、套作：适合与棉花、玉米等作物间、套作。二作区留种春季适当早收，秋季适当晚播，并注意及时喷药防蚜，拔除病株。

(3) 播期及收获期：中原二作区春季1月初至3月中下旬播种，5月上旬至6月下旬收获，秋季8月上中旬至9月上旬播种，播前用5~8mg/L赤霉素水溶液浸泡5~10min后用湿润沙土覆盖催芽，10月下旬至12月初收获；南方冬作区10—12月播种。

(4) 忌连作、轮作：选择土质疏松、灌排方便地块播种，忌连作，禁止与其他茄科作物（辣椒、番茄、烟草、茄子等）轮作。留种田应与商品薯生产田及其他病源作物隔离。

(5) 适当稀植：平播播种行距60~70cm，株距25~30cm，每亩密度4 000~4 500株。留种田为提高繁殖系数，每亩密度可增至6 000~6 500株。

(6) 加强田间管理：出苗后重视前期管理，及时培土中耕，促使早发棵早结薯，结薯期和薯块膨大期及时灌溉，收获前1周停灌，以利收获贮存。

十九、东农 303

该品种是东北农业大学育成的品种，1986 年通过全国农作物品种审定委员会审定。

东农 303 为我国当前极早熟马铃薯品种，从出苗至收获 55d。综合经济性状优良，蒸食品质优，淀粉质量好，适宜食用、食品加工和出口。株型直立矮小，株高 45cm 左右。茎绿色，叶浅绿色，长势中等。薯块扁卵形，黄皮黄肉，表皮光滑，大小中等、整齐，芽眼多而浅，结薯特别早且集中。休眠期短，耐贮藏，覆膜栽培可提早于 5 月中旬上市，宜双季栽培。植株中感晚疫病，较抗环腐病，高抗花叶病毒病，轻感卷叶病毒病。耐涝性强。适宜栽植密度为每亩 4 000～4 500株。上等水肥地块种植，苗期和孕蕾期不能缺水。适应性广，适宜和其他作物套种。一般亩产 1 500～2 000kg，高的可达 2 500kg 以上。

二十、豫马铃薯 1 号

原名郑薯 5 号，郑州市蔬菜研究所以高原 7 号×郑 762-93 配制的一代杂种。1993 年经河南省农作物品种审定委员会审定命名。

该品种为早熟菜用型品种，生育期 65d 左右。株高 60cm，分枝 2～3 条，生长势较强，株型直立粗壮。花冠白色，能天然结果。单株结薯 3～4 块，块茎椭圆形，脐部稍小，黄皮黄肉，芽眼浅而稀，薯块大而整齐，大、中薯率 90% 以上，商品薯率极高，适宜外贸出口。丰产性较强，增产潜力大，肥水好的高产田可达 3 500kg。休眠期短（45d 左右），耐贮性较好。退化轻，轻感卷叶病毒，较抗晚疫病和疮痂病及霜黄螨、茶黄螨。蒸食品质优，干物质含量 19.18%，淀粉 13.42%，还原糖0.089%，粗蛋白1.98%，鲜薯维生素C 13.89mg/100g鲜重。

该品种适应性强，较抗瘠薄和干旱，适宜二季栽培及山区一季栽培，在水肥条件好的地方种植增产潜力较大。

栽培要点如下。

(1) 可春秋两季栽培。

(2) 适宜密植。植株生长繁茂，适宜单株种植，种植密度为每亩4 000~5 000株。行距为60~70cm，株距为20~30cm，亩用种量120kg左右，每千克切50块左右。

(3) 加强田间早期管理，促使早发棵，收获前10d停止浇水，便于收获贮藏。

(4) 播前催芽。秋季利用小整薯播种，播前用赤霉素催芽，促进发芽，以保证全苗。

二十一、豫马铃薯2号（郑薯6号）

豫马铃薯2号是郑州市蔬菜研究所以抗病育种、品质育种为目的，以高原7号为母本、郑762-93为父本，进行杂交和世代选育的马铃薯早熟菜用、加工兼用品种。

该品种具有早熟（生育期65d左右）、休眠期短（休眠期45d左右）、多抗优质、丰产稳产、商品性好、适宜出口等特点，广泛适合二季作区两季栽培和一季作区栽培，露地、地膜、拱棚、温室种植均能获得高产，单种或间作套种均能获得较高的经济效益。

该品种株型直立，茎粗壮，株高55cm左右，花白色；块茎性状与豫马铃薯1号相似，各种性状均达到出口一级标准。适宜食品加工，蒸食品质优。较抗退化，无花叶病毒病，轻感卷叶病毒病，较抗晚疫病、环腐病、疮痂病等病害，抗茶黄螨及霜黄螨。在河南、安徽、江苏、河北、山东、山西、吉林、内蒙古、黑龙江、陕西、湖北、福建大面积推广豫马铃薯2号。

栽培技术：参考豫马铃薯1号。

二十二、郑薯8号

本品种是由郑州市蔬菜研究所以Mermavr为母本、豫马铃薯1号为父本杂交选育而成。2009年通过河南省农作物品种审定委员会审定（审定编号：豫审马铃薯2009002）。

为极早熟菜用品种，生育期58d左右。植株长势旺，株高约38.3cm，主茎数1.2个左右，匍匐茎短。茎绿色，叶绿色，少花，有结实。薯块圆形，浅黄皮白肉，薯皮光滑，芽眼浅。薯块整齐，单株薯块数2.8个。抗卷叶病毒病、花叶病毒病，抗环腐病，抗晚疫病。品质分析：淀粉含量为12.9%，鲜薯维生素C含量高达26.8mg/100g，蛋白质含量为2.12%，还原糖含量0.26%。适于二季作区两季栽培及一季作早熟栽培。

二十三、郑薯9号

郑薯9号是由郑州市蔬菜研究所以早大白为母本，以豫马铃薯1号为父本杂交育成的极早熟品种，生育期56d左右。2009年通过河南省农作物品种审定委员会审定（审定编号：豫审马铃薯2009003）。

该品种生长势强，株高44cm左右，单株主茎数平均1.2个，匍匐茎短，茎绿色，叶浅绿，花白色，少花，有结实。薯块椭圆形，黄皮白肉，薯皮光滑，芽眼浅。薯块整齐，单株薯块数平均2.2个。抗卷叶病毒病、花叶病毒病，抗环腐病，抗晚疫病。品质分析：鲜薯维生素C含量为25.2mg/100g，淀粉含量为11.8%，还原糖含量为0.32%，蛋白质含量为2.52%。平均亩产1 201.7kg。

适宜种植区及栽培技术与郑薯 8 号相同。

二十四、双丰 5 号

该品种是山东省农业科学院蔬菜研究所育成的鲜食型早熟马铃薯品种。杂交组合为 IROSE×丰收白，母本由法国引进，父本是国内的早熟品种，经连续无性世代选择于 1995 年育成。2005 年通过山东省农作物品种审定委员会审定（审定编号：鲁农审字〔2005〕040 号）。

该品种为早熟品种，出苗至成熟 60~65d。株型直立，分枝性中等，株高 51.1cm，生长势中等偏弱。花白色，天然结实。匍匐茎短、结薯集中、块茎膨大速度快，单株结薯 4~5 块。块茎扁椭圆，薯形整齐，黄皮黄肉，薯皮光滑，芽眼浅，休眠期短，约 75~90d。经农业部产品质量监督检验测试中心（济南）检测：干物质含量 19.1%，淀粉含量 14.03%，鲜薯维生素 C 含量 32.8mg/100g 鲜重，粗蛋白含量 2.2%（收后 10d 测定）。较抗马铃薯卷叶病毒和马铃薯 Y 病毒，轻感马铃薯 X 病毒，较抗疮痂病和环腐病。结薯期对温度和光照不敏感，适合春秋二季栽培和早春保护地栽培。

二十五、双丰 6 号

该品种是山东省农业科学院蔬菜研究所育成的早熟炸片加工型马铃薯品种。2005 年通过山东省农作物品种审定委员会审定（审定编号：鲁农审字〔2005〕041 号）。

该品种为早熟品种，出苗至成熟 65~70d。株型直立，分枝性中等，株高 58.8cm，生长势中等偏强。花白色，自交结实性强。匍匐茎短，结薯集中，块茎膨大速度快，单株结薯 5 块左右。块茎圆形，薯形整齐，浅黄皮白肉，薯皮略有网纹，芽眼浅。休眠期中等，90~105d，较耐贮藏。经农业部产品质量量监督检验测试中心（济南）检测：干物质含量22.4%，淀粉含量17.8%，还原糖含量0.04%（收后10d测定）。适于炸片加工，炸片微黄，较平，效果与大西洋相当。在2002—2003年山东省马铃薯区域试验中，平均比对照大西洋增产54.7%。

较抗马铃薯卷叶病毒和马铃薯Y病毒，轻感马铃薯X病毒。较抗疮痂病和环腐病。结薯对温度和光照不敏感，适合春秋二季栽培和早春保护地栽培。

二十六、费乌瑞它

费乌瑞它是早熟高产的马铃薯品种。1980年由原农业部种子局从荷兰引入，又名鲁引1号、津引8号、荷兰种、荷兰薯等。经江苏省南京市蔬菜研究所、山东省农业科学院等单位鉴定推广，品质好，适宜鲜食和出口。

费乌瑞它生育期60~70d，株高60cm，植株直立，分枝少，茎粗壮，紫褐色，复叶大，叶绿色，侧小叶3~5对，叶色浅绿，生长势强。花冠蓝紫色，花粉较多，易天然结果。块茎长椭圆形，皮色淡黄，肉色深黄，表皮光滑，芽眼少而浅，结薯集中4~5个，块茎大而整齐，休眠期短，丰产性强。块茎淀粉含12%~14%，粗蛋白含量1.67%，每100g鲜薯维生素C含量13.6mg，适宜鲜食和出口。植株对A病毒和癌肿病免疫，抗Y病毒和卷叶病毒，易感晚疫病，不抗环腐病和青枯病。该品种适应性较广，在黑龙江、内蒙古、辽宁、广东、福建和广大的中原二季作区都有种植。在二季作区可进行春秋两季栽培，适合与其他作物间作套种，二季作栽培播前催芽。该品种株型直立，分枝少，且较耐肥水，适于密植，常耕栽培以每亩4 000~4 500株，免耕栽培以每亩5 500~6 000株为宜；及早预防晚疫病、环腐病和青枯病。

二十七、川芋 56 号

该品种属中早熟菜用型品种，由四川省农业科学院作物研究所以马铃薯 36-150 作母本、“燕子” 作父本杂交选育而成。

株型松散，株高 50cm 左右，主茎粗壮。叶绿色，花白色。块茎椭圆，表皮光滑，黄皮黄肉，芽眼较浅。块茎大而整齐，结薯集中，块茎休眠期长，耐贮藏。薯块含淀粉 13. 5%、还原糖 0. 19%。植株抗癌肿病，感晚疫病，不抗青枯病，一般每亩产量为 1 500kg 左右。

栽培要点：适合西南二季作区和南方地区栽培；不宜在长日照地区种植，否则会造成结薯晚或没有产量。应采用轮作栽培，适合与玉米等作物间套作。因为该品种休眠期较短，最好采用秋播翻种。秋薯春播时，需进行催芽处理。整薯栽培时，精选小块无病种薯；切块栽培，切刀须严格消毒。单作亩种植 6 500株左右为宜，套作 2 500株左右为宜。亩施农家肥 1 500 kg，过磷酸钙 25kg 作底肥，苗期适当施猪粪水。注意除草、防病。

二十八、川芋 6 号

该品种是四川省农业科学院作物研究所 1990 年用自育材料 44-4 作母本、凉薯 3 号作父本杂交选育而成。

中早熟品种。株型直立，植株矮，复叶大小中等，白花、花量中等。块茎圆形，薯皮黄色，薯肉白色，表皮光滑，芽眼深度中等，结薯集中，单株结薯 4~6 个，大、中薯率 81. 0%，休眠期较长，耐贮藏。干物质率 20. 6%，淀粉含量 14. 9%，鲜薯维生素 C 含量 28. 75mg/100g，还原糖含量 0. 069%。抗晚疫病，抗病毒病 PVX、PVY。

栽培要点：适于在四川省山区、丘陵及平坝地区种植。选择排、透水性好，中等肥力的田块种植；采用 30~50g 健康整薯作种，单作亩植 4 000~6 000株。

二十九、鄂马铃薯 5 号

由湖北恩施中国南方马铃薯研究中心从 393143-12×NS51-5 后代中系统选育出的中晚熟鲜食品种（国审薯编号：2008001）。

生育期 94d，株型半扩散，生长势较强，株高 62cm，植株整齐，茎叶绿色，叶片较小，花冠白色，开花繁茂；匍匐茎短，结薯集中，块茎长扁形，表皮光滑，黄皮、白肉，芽眼浅，单株结薯 10 个，商品薯率 74. 5%。植株高抗马铃薯 X 病毒病、抗马铃薯 Y 病毒病，抗晚疫病；干物质含量 22. 7%，淀粉含量 14. 5%，还原糖含量 0. 22%，粗蛋白含量 1. 88%，维生素 C 含量 16. 6mg/100g 鲜薯。

适宜在湖北、云南、贵州、四川、重庆、陕西南部的西南马铃薯产区种植。

栽培要点如下。

（1）应用优质脱毒种薯，播前催芽，株行距根据当地的栽培耕作习惯，每亩种植密度，单作 4 000~4 500株，套作 2 000~2 500 株。

（2）海拔 1 200m 以下区域 11—12 月播种，海拔 1 200m 以上区域 2—3 月播种。

（3）施足基肥，出苗后加强前期管理，早施芽肥；及时除草、中耕、培土，促早发棵和早结薯。

（4）生长季节低海拔区域注意防治二十八星瓢虫，遇特殊多雨年份，注意晚疫病防治。

（5）成熟后抢晴收获，以利块茎贮存。

三十、鄂马铃薯6号

由湖北恩施中国南方马铃薯研究中心从1-10×NS51-5后代中系统选育出的中晚熟薯片加工品种。2008年通过国家农作物品种审定委员会审定（审定号：国审薯2008002）。

鄂马铃薯6号生育期93d，植株扩散，生长势较强，株高68cm，分枝多，枝叶繁茂，茎叶绿色，复叶小，花冠紫红色，天然结实性差；匍匐茎短，结薯集中，块茎圆形，表皮光滑，芽眼浅，黄皮、淡黄肉，商品薯率63.2%，单株结薯10个。植株高抗马铃薯X病毒病、马铃薯Y病毒病，抗晚疫病。块茎品质：干物质含量21.9%，淀粉含量14.1%，还原糖含量0.20%，粗蛋白含量1.81%，鲜薯维生素C含量14.5mg/100g。

栽培要点如下。

（1）适宜范围：该品种适宜在湖北、云南、贵州、四川、重庆、陕西南部的西南马铃薯产区种植。

（2）尽量使用脱毒种薯，采用育带芽薯移栽技术。

（3）每亩栽种密度：单作4 500株，套作2 500株。

（4）重施有机肥，增施磷钾肥，追施苗肥；现蕾时根据长势每亩可酌情追施3~5kg尿素以防早衰。追肥的同时进行中耕、除草、培土。

（5）可在开花时喷施甲霜灵等，预防晚疫病；切忌连作；低海拔地区注意防治二十八星瓢虫。

（6）及时抢收。

三十一、泉引1号

该品种系福建省泉州市农业科学研究所筛选出的早熟优质炸片加工用马铃薯良种。该品种于2005年福建省农作物品种审定委员会审定通过。

生育期从出苗到成熟 55～70d。株型半扩散，株高 45～55cm，茎秆粗壮，分枝数 4～6 个，茎叶淡绿色，薯扁圆形，薯皮淡黄色，薯肉白色，表皮光滑，芽眼浅，结薯稍迟，中期膨大迅速，结薯集中，单株结薯数 7～8 个，马铃薯大、中薯率 80% 以上。芽眼浅。块茎干物质含量 23.5%，淀粉含量 18.22%，还原糖 0.12%，100g 鲜薯维生素 C 含量 17.6mg，粗蛋白 2.2%，食味上等。经切片油炸试验，外观好，松脆可口，炸片成品质量鉴评优，其炸片加工品质符合质量要求。

适于在各冬作区种植。

三十二、中薯 13 号

由中国农业科学院蔬菜花卉研究所从夏波蒂（Shepody）×中薯 3 号后代系统选育而成的早熟鲜食品种，2007 年通过国家农作物品种审定委员会审定（审定编号：国审薯 2007002）。

该品种为早熟鲜食品种，生育期 72d 左右。植株直立，生长势较强，株高 65cm，分枝少，枝叶繁茂，茎绿带褐色，叶绿色，复叶大，花冠白色；结薯集中，块茎扁长圆形，黄皮黄肉，表皮光滑，芽眼浅；区试平均商品薯率 71.8%。植株高抗马铃薯 X 病毒病，抗马铃薯 Y 病毒病，中度感晚疫病。干物质含量 19.2%，淀粉含量 11.2%，还原糖含量 0.19%，粗蛋白含量 2.26%，鲜薯维生素 C 含量 18.6mg/100g。

栽培要点：该品种适宜在二作区的辽宁、山东、河南和北京种植，还适宜在冬作区的福建、广西、广东、湖南种植。每亩种植密度 4 000~5 500株。

三十三、中薯 14 号

该品种是中国农业科学院蔬菜花卉研究所从夏波蒂×中薯 3 号后代系统选育而成早熟鲜食、炸条兼用品种，2007 年通过国家农作物品种审定委员会审定（审定编号：国审薯 2007003）。

出苗后生育期 82d。植株直立，生长势较强，株高 25cm 左右，分枝数少，枝叶繁茂，茎绿色，叶绿色、复叶较大，花冠白色，匍匐茎短，结薯集中，块茎椭圆形，表皮光滑，芽眼浅，黄皮、乳白色薯肉，块茎大而整齐，商品薯率 73%。植株抗马铃薯 X 病毒病，抗马铃薯 Y 病毒病，中度感晚疫病。干物质含量 19.7%，淀粉含量 12.4%，还原糖含量 0.16%，粗蛋白含量 2.46%，鲜薯维生素 C 含量 14.8mg/100g。

栽培要点如下。

（1）该品种适宜在福建、广西、广东、湖南冬作区种植。

（2）应用优质脱毒种薯，播前催芽，株行距根据当地的栽培耕作习惯，每亩种植密度 5500~6000 株。

（3）冬作区 10—12 月播种，翌年春季 2—4 月收获。

（4）生长期注意防治晚疫病，前期注意防霜冻。

三十四、集农 958

该品种属中熟菜用和淀粉加工兼用型品种，由黑龙江省集贤农场育成。

该品种生育期约 105d，为中熟品种。植株扩散，分枝少，株高 40~60cm。茎、叶浅绿，花浅紫色。块茎圆形，黄皮黄肉，芽眼中等。结薯集中，薯块较整齐。薯块含淀粉 15%左右。感晚疫病、环腐病较轻，退化轻。每亩宜种植 3 500~4 000株，适于在中等以上地力的土地上种植。

适合一季作区种植和南方地区冬作。在河北、广东和浙江等地均有种植。

三十五、金冠

该品种是华南农业大学园艺系由荷兰品种通过茎尖脱毒过程从愈伤组织体细胞变异中选育而成的早熟菜用型品种。

生长期 80~85d。株高 50cm，株型直立，分枝力弱，开展度 45~55cm。地上茎浅绿色。叶长 26cm，浅绿色。花冠淡紫色，花粉不育，不能天然结实。结薯早，块茎膨大快，结薯集中，每穴 3~4 个。块茎椭圆形，大而整齐，浅黄皮浅黄肉，芽眼浅而少。块茎休眠期 60d，较耐贮藏。性喜冷凉，怕霜冻，忌过湿或干旱。不抗晚疫病。淀粉含量 16%。一般亩产 2 000kg，最高可达 3 000kg 以上。

该品种适宜广东、广西、福建和浙江等省（自治区）冬作，适当密植，每亩株数 5 500株以上。种植时应选择肥沃土壤，提早管理，注意防治晚疫病。

三十六、抗青 9-1

由中国农业科学院植物保护研究所选育而成，2005 年通过云南省农作物品种审定委员会审定。本品种为中熟作薯片、薯条加工型品种。

全生育期 100d 左右，平均株高 70. 1cm，幼苗长势中等，株丛直立，植株繁茂性中等，茎绿色，叶深绿色，花紫红色，薯块扁圆形，芽眼浅、紫红，芽眼数中等，表皮光滑，黄皮黄肉，薯块大小中等，薯块整齐度中等，大、中薯率 75. 0%。干物质含量 23%，淀粉含量 14. 31%，还原糖含量 0. 07%，蛋白质含量 3. 14%。高抗到中抗青枯病，中抗到中感晚疫病，田间无卷叶病，轻感花叶病，块茎轻感粉痂病，无疮痂病和环腐病。

适于在云南、贵州等地冬作、春作区及生态气候条件相似的地区推广种植。

三十七、云薯101

该品种是由云南省农业科学院经济作物研究所、呼伦贝尔市农业科学研究所从S95-105×内薯7号后代系统选育出的中晚熟鲜食品种，2008年通过国家农作物品种审定委员会审定（审定编号：国审薯2008003）。

生育期92d。株型扩散，生长势中等，株高62.5cm，分枝少，茎叶绿色，复叶小，花冠白色。结薯集中，块茎圆形，表皮光滑，芽眼深浅中等，黄皮、淡黄肉，商品薯率67.7%。块茎商品性状好，也适于出口外销。植株抗马铃薯X病毒病、中抗马铃薯Y病毒病，高抗晚疫病。干物质含量22.3%，淀粉含量14.2%，还原糖含量0.21%，粗蛋白含量1.97%，维生素C含量20.8mg/100g鲜薯。

栽培要点如下。

（1）该品种适宜在云南、贵州、四川南部、陕西南部、湖北西部的西南马铃薯产区种植。

（2）应用优质脱毒种薯，播前催芽，株行距根据当地的栽培耕作习惯，每亩种植密度3 000~4 000株。

（3）施足基肥，干旱地区需采取抗旱保苗播种措施。

（4）出苗后加强前期管理，早施少施追肥；及时灌排水，防止因肥水过多而徒长；及时除草、中耕和培土。

（5）生长期注意防治晚疫病。

三十八、丽薯2号

该品种是由云南省丽江市农业科学研究所从呼自79-172×

NS79-12-1的杂交后代选育而成的中晚熟鲜食品种，2004年通过云南省农作物品种审定委员会审定（审定号：滇审薯200403号）。

生育期为100~125d。株型直立，株高85.8cm。茎、叶绿色，复叶大而下垂，侧小叶三对。花冠白色，天然结实性弱，有种子。生长势强，结薯集中。薯扁圆形，白皮白肉，芽眼浅而少，表皮光滑。薯块大而整齐，大、中薯率90%。休眠期长，耐贮藏。田间晚疫病抗性中。食味好，适宜炒食。干物质含量18.53%，淀粉含量12.73%，蛋白质含量2.3%，还原糖0.3%。

适宜在云南省海拔1 900~3 300m范围内的一季薯作区种植。选用50~150g的优良健薯作种，自然见芽或用50~100mg/L赤霉素处理露芽后种植。一般塘种每亩3 000株，垄作每亩4 000株为宜。施足底肥，加强管理。每亩施腐熟农家肥1 500kg，普钙20kg，尿素、钾肥各5kg作基肥，将氮（N）、磷（P）、钾（K）肥料混合后施用。生长期一般除草培土两次，幼苗期第一次培土，并亩追5~7kg尿素，开花期第二次培土。

三十九、威芋3号

该品种是贵州省威宁县农业科学研究所从“克疫”实生籽中单株选育而成。该品种属食、菜、饲、加工等集多个优良性状于一体的马铃薯新品种。2002年11月通过贵州省农作物品种审定委员会审定（审定编号：黔审薯〔2002〕001号）。

全生育期100d左右。株高60cm左右，株型半直立，茎粗11mm左右，分枝6个左右，叶色淡绿，花冠白色，天然结实性弱。结薯集中，薯块长筒形，黄皮白肉，芽眼浅，表皮较粗。大、中薯率80%以上，淀粉含量16.24%，食味中上等，抗癌肿病。轻感花叶病毒，耐贮藏。

该品种抗寒性强，适宜在海拔 1 200m 以上的冷凉地区种植。选择中等肥力土质种植，忌低凹渍水地。单作密度每亩 3 500穴左右，与玉米套种为 2 250穴左右。亩用 1 250kg 农家肥、25kg 磷肥作基肥，生长期间视苗情适量追肥。

四十、川芋 5 号

该品种是四川省农业科学院作物研究所用国际马铃薯中心提供的 LT-1×377970. 3 杂交实生籽逐代选育而成。2000 年 5 月通过四川省农作物品种审定委员会审定。

川芋 5 号属中早熟食用及食品加工类型品种。生育期 79d 左右，株高 54cm 左右，生长势较强，叶色绿，真叶较小，3～4 对侧小叶，薯块扁圆，黄皮黄肉，表皮光滑，芽眼较浅，有时显紫色。鲜薯含淀粉 13. 66%，还原糖 0. 15%（大大低于国家加工品种 0. 4%的标准）。每 100g 鲜薯含维生素 C 含量为 16. 7mg，熟食口感好，商品薯率 64. 9%。休眠期较短，为 59d 左右。高抗晚疫病，抗马铃薯重型花叶病毒。耐贮藏。

该品种适宜在四川马铃薯主产区种植，中低山、平丘区作春秋季净作或间套作。

四十一、万芋 9 号

万芋 9 号由重庆市万州区农业科学研究所育成，属中早熟菜用型品种。

株型直立，株高 45cm，茎绿色，长势强，花浅紫色。块茎扁圆，白皮浅黄肉。块茎大小中等，整齐，结薯集中。块茎休眠期短，耐贮藏。生育期 75d 左右。薯块含淀粉 14%左右，还原糖含量低。植株高抗晚疫病；块茎感晚疫病中等，抗环腐病；抗旱性强。

栽培要点：主要适宜于春秋二季作栽培，主要在四川省、重庆市种植。适当密植，种植密度为每亩6 000株左右。种植中要早追肥，早中耕，分次培土。

第二节　马铃薯优良品种的推广

一、优良品种区域化的步骤和方法

（一）划分自然区域

即根据气候、土壤等生态条件，对全国或某一省（自治区、直辖市）、地（市）范围内作出总体的和种类的区别。

总体的自然区域划分，例如我国马铃薯栽培区别，根据地区间纬度、海拔、气候因素、地理条件的差异等，造成了光照、温度、水分、土壤类型的不同，以及马铃薯栽培制度、耕作类型、品种类型不同，因此，将中国马铃薯的栽培区划分为四个各具特点的类型。即北方一作区、中原二作区、南方二作区、西南单双季混作区。

（二）确定各区域发展品种及其布局

（1）市场需求和政府部门的适当调控：市场需求包括原有传统市场和潜在市场。政府部门调控，如北方一作区马铃薯建设规划几个不同层次的生产基地，商品薯生产基地占生产总面积的70%以上，加工薯生产基地占生产总面积的10%，种薯生产基地占生产总面积的20%。

（2）原有种类品种组成及存在问题调查：①当地生态环境条件、灾害性天气的频率和危害程度、栽培管理水平及其特点。②原有种类品种在当地生长发育及产量、品质、贮藏性、抗逆性、适应性、主要物候等栽培反应。③群众对品种的评价。根据调查结果，确定区域化品种布局，包括在资源调查中发现的优良类型，经过生产实践考验可在同一生态区域作为区域化品种。

(3) 新引入和新育成品种的布局：新引入和新育成品种在经过引种试验、品种比较试验和适应性试验后，根据供试品种在一定地区范围内的实际表现，挑选适合于本区域发展的品种。

(三) 品种更换和更新

区域化品种布局组成确定后，即可对原栽培品种布局，按区域化品种布局组成的布局实行品种更换，马铃薯的品种更换工作比较简单。

二、良种与良法配套

为发挥良种的优良性，在实行品种区域化的同时，还必须配合良好的栽培技术。为此，对于一个新育成或引进品种，在品种育成或引进过程中，特别是进入品种试验阶段，育种单位或个人必须对新育品种同时进行栽培试验，研究其主要栽培技术，以便良种良法配套推广。

第三章　马铃薯高效栽培技术

第一节　马铃薯发芽期田间管理技术

马铃薯从播种（或芽块开始萌发）到幼苗出土为发芽期，也叫芽条生长期。根据地温高低出苗快慢不同，历时 10～40d；一般一季作区和二季作区早春播种由于地温较低，需 25～40d；二季作区夏、秋播气温较高，10～15d 就可以出苗。

一、马铃薯发芽期生长特点

发芽期主要是进行主茎第一段的生长。发芽期生长的中心在芽的伸长、发根和形成匍匐茎，此期需要的营养和水分主要靠种薯，按茎叶和根的顺序供给。

二、马铃薯发芽期对环境条件的需求

马铃薯幼芽或芽条生长是否健壮、根系是否发达以及出苗快慢，取决于种薯和发芽需要的环境条件。种薯质量是内因，选用优良品种，并且是早代脱毒种薯，生命力强，就可以保证苗齐、苗全、苗壮，特别是使用小整薯播种，借助顶芽优势，效果更好；土壤温度、含水量、营养供应、空气等是外因，如果地温在 10～12℃，湿度在土壤最大持水量 60%左右（含水量 16%左右），通气良好，营养充足，发芽期就短，幼芽或芽条就能健壮而且出苗早。营养方面主要是吸收速效磷，速效磷

有促进发芽出苗的作用。

三、马铃薯发芽期田间管理技术

马铃薯发芽期田间管理的任务是保全苗。主要从以下两个方面进行管理。

（一）松土灭杂草

春薯播种后地温较低，需经 20~30d 才能出苗，应及时松土、消灭杂草。

（二）培土保全苗

马铃薯田块大部分为沙壤土，保水性不太好，土壤水分蒸发快，出苗后易受旱灾影响。对这类苗，出苗期要及时进行浅中耕培土，加厚覆盖土层，切断土壤毛细管，减缓水分蒸发速度，延长幼苗存活时间，尽力保全苗。覆土时间应在 30% 幼芽顶土时为宜。

第二节　马铃薯幼苗期田间管理技术

马铃薯从出苗到植株现蕾为止为幼苗期，历时 15~25d，早熟品种天数少一些，晚熟品种天数多一些。

一、马铃薯幼苗期生长特点

发芽期主要是以茎叶生长和根系发育为重点，匍匐茎开始形成伸长，同时进行花芽和部分茎叶的分化。此时幼苗生长需要的水分和营养物质大量的靠自己从外界吸收，同时种薯内还有少量营养补给植株。此期叶片生长快，一般出苗 5~6d 就有 4~6 片叶展开。根系继续向纵深发展，须根的分枝开始发生，吸收水分和营养物质的能力逐步增强。匍匐茎在出苗后不久就有发生。当地上主茎出现 7～13 个叶片时，主茎生长点上开始孕育花蕾，匍匐茎顶端停止伸长，将开始膨大形成块茎，此时说明幼苗期就要结束，块茎形成期即发棵期即将开始。

二、马铃薯幼苗期对环境条件的需求

幼苗期虽然生长发育较快，但对水肥的需求只占全生育期需水肥量的 15%左右。需水肥量不大，但特别敏感，除了要有足够的氮肥外，还要有适宜的土壤温度和良好的透气条件。如果缺氮素，茎叶生长就会受到影响，缺磷和缺水会直接影响根系的发育和匍匐茎的形成，所以，要特别注意早浇水、早追肥，采取措施提温保墒，增加土壤通透能力，促进壮苗的形成。此阶段气温应在 15℃以上，土壤田间持水量保持在 60%～70%，含水量 16%～17%，有利于根系的发育和光和效率的提高。

三、马铃薯幼苗期田间管理技术

幼苗期田间管理的首要任务促下带上，培育壮苗。重点是疏松土壤，提高地温，促进根系发育。主要措施是及早中耕除草，深松土、浅培育，防治地下害虫。另外，可根据栽培条件和幼苗长相酌情追施速效化肥，用量占施肥总量的 6%～8%。

（一）及时施肥促壮苗

对于墒情较好的田块，出苗后亩追施尿素 10kg 左右，迅速提苗，保壮苗。施肥方法是撒施于苗间，然后中耕培土。

（二）叶面喷施抗蒸腾剂

马铃薯叶片充分展开后，可使用抗蒸腾剂进行叶面喷施。抗蒸腾剂能在叶表面形成一层保护膜，减缓水分蒸发。抗蒸腾剂可选用亚硫酸氢钠、腐殖酸、氯化钙、黄腐酸（FA）、三唑酮、冠醚等，按产品说明书使用。

(三) 查苗补种

田间缺苗超过30%以上的田块，可点种早熟玉米、芸豆等作物，通过局部间作套种，提高田块利用效率，减少损失，增加收益。如出苗后恰遇有效降雨，也可在雨天从马铃薯正常植株基部掰下侧枝扦插，以减少缺苗。

(四) 地下害虫防治

马铃薯播种后和苗齐易遭受地下害虫为害，造成烂种或缺苗，因此，要制订防治地下害虫的预案。地下害虫主要是地老虎，对3龄以下的地老虎可喷施800倍液40%的辛硫磷或2 000倍2.5%溴氰菊酯乳油。

第三节 马铃薯块茎形成期田间管理技术

块茎形成期也叫发棵期。从现蕾开始至开花为止。早熟品种到第一花序开花，晚熟品种到第二花序盛开时，历时20~30d。

一、马铃薯块茎形成期生长特点

块茎形成期的生长特点是，从地上茎叶生长为重点转向以地上茎叶生长和地下块茎形成同时进行。地上茎的主茎节间迅速伸长，植株高度达到最终高度的一半，主茎及叶片全部长成，分枝（侧枝）和分枝叶片相继扩展，整个叶面积达到最大叶面积的50%~80%，单株形成下小上大、平顶的杯状，主茎顶部花蕾凸显。同时，根系扩大，匍匐茎尖端膨大成直径3cm左右的小块茎。

二、马铃薯块茎形成期对环境条件的需求

块茎形成期既有地上茎叶的生长，又有地下块根的形成，此期是决定结薯多少的关键时期。此期植株对养分、水分的需求量还是比较大的，如果土壤中营养、水分充足，就能促使其迅速旺盛生长。同时，块茎形成对温度、湿度要求都很严，地温 16～18℃对块茎形成和增长最有利。田间最大持水量保持在 70%～80%最好。

三、马铃薯块茎形成期田间管理技术

块茎形成期的栽培管理是以促为主，促地上带地下，要求地上部茎秆粗壮，枝多叶绿，长势茁壮，地下部多结薯。

（一）中耕培土

现蕾期进行最后一次中耕，起到疏松土壤、消灭杂草、提高地温的作用。此次深度宜浅，以防损伤匍匐茎，并结合培土，此次培土厚度 3～5cm，在封垄前把土培完，为结薯创造深厚疏松土层。

（二）适时追肥浇水

块茎形成期是地上部茎叶生长最旺盛时期，根系伸展也日益深广，叶面积迅速增加，蒸腾量也急剧加大，因此，该期植株需要充足的水分和养分供给，这一时期的耗水量约占整个生育期耗水量的 30%。前期土壤含水量应保持在最大含水量的 70%～80%，如果水分不足，则茎叶生长缓慢，块茎形成数明显减少，影响产量；后期应该将土壤含水量降至田间最大含水量 60%，其目的是适当控制茎叶生长，以利于适时进入结薯期。此时期追肥以氮肥为主，每亩施入 15～20kg 尿素或碳酸氢铵 40～50kg，追肥后浇水。

（三）巧施有机肥和微肥

当见到花蕾时，每亩可施草木灰100kg或硫酸钾20kg，这样可防止秧子早衰。在土豆发棵期、现蕾期，在叶面喷施0.2%~0.3%的磷酸二氢钾溶液，再配合硼、锰、铜、锌、铁、硒等微肥，微量元素浓度掌握在0.05%~0.2%，气温越高、浓度越低，反之则浓度可稍高些。晴天应该在9时以前或16时后进行，可防止叶片黄化，从而提高产量，改善品质。

（四）摘花摘蕾

为协调地上茎叶和地下块茎都能充分生长，保证块茎产量，当地上茎叶生长速度过快，就会大量消耗营养，造成地上徒长，从而影响地下茎的膨大。此时，可进行摘花摘蕾，以调节养分的分配；或者喷100mg/kg的矮壮素或20mg/kg的多效唑，促进植株矮壮多薯。

第四节 马铃薯块茎膨大期和干物质积累期田间管理技术

马铃薯块茎膨大期和干物质积累期在栽培管理上可统称为结薯期，从开花开始至收花、茎叶枯萎为止，历时30~45d；按马铃薯生长状态看，从茎叶和块茎干物质重量平衡到茎叶和块茎鲜重平衡为止为块茎膨大期，此后进入干物质积累期。

一、马铃薯块茎膨大期生长特点

结薯期是从以地上茎叶生长为主转入以地下块茎生长为主，直至茎叶停止生长的阶段。在膨大期块茎和茎叶生长都很迅速，茎叶的鲜重和叶面积都达到一生中最大值，之后，茎叶停止生长并逐步衰老，开始进行干物质积累，继续增长个头和重量。块茎产量的80%左右是在此期形成的。

二、马铃薯块茎膨大期对环境条件的需求

外界环境条件对马铃薯结薯期的影响至关重要。本期是马铃薯一生中需肥、需水最多的时期，吸收的钾肥比发棵期多1.5倍，氮肥比发棵期多1倍，达到一生中吸收肥水的高峰。充分满足这一时期马铃薯对肥、水的需求，是获得块茎产量丰收的关键。此期对温度的要求也很高。最适合的气温是18~21℃，而且要求昼夜温差应在10℃以上。夜温低最有利于光合作用制造的营养向块茎输送；水分更为重要，块茎增长对水特别敏感，此期土壤水分即田间最大持水量始终应保持在80%~85%。如果供水不均匀和温度剧烈变化会影响块茎正常生长，出现畸形，造成产量低、品质差的问题。另外，块茎增长要求土壤有丰富的有机质，并且微酸性和良好的透气状况，而土壤透气非常重要，有足够的氧气才有利于细胞的分裂和伸展。

三、马铃薯块茎膨大期田间管理技术

马铃薯结薯期田间管理的重点是促进地下部生长、促进结薯，控制地上部生长，促控结合，并防病保叶，延长茎叶的生长，保证有强盛的光合产物向茎块转运和积累，延长结薯期。

（一）中耕除草

随着马铃薯的生长，田间杂草也迅速生长，与马铃薯争夺田间营养，特别是没有覆膜的田块，这一现象表现得尤为突出。

马铃薯的田间杂草主要有田旋花、灰条、苦苣、刺儿菜及禾本科杂草，可采用人工拔除。必要时可用杜邦宝成25%干悬浮剂进行防治，每亩用25%的杜邦宝成干悬浮剂5~7.5g对

水 30~40kg，同时加入 0.2%的中性洗衣粉或洗洁精，进行田间茎叶喷雾施药，对防除一年生禾本科杂草及阔叶杂草十分有效。

（二）追肥松土

马铃薯是一种需肥较多的作物，特别是需钾较多，氮：磷：钾的比例为 4：8：12，要通过测土进行配方施肥。在旱作区，要结合松土，培土起垄，免耕栽培的要及时松土，增加土壤通透性；在松土时可以同时亩施优质农家肥 1 000kg 或亩施复合肥 20kg、钾肥 10kg 或草木灰 150kg。现蕾开花期视其生长情况再进行第二次追肥。生长后期亩用 0.3%磷酸二氢钾溶液 60~75kg，进行根外追肥。

（三）合理灌水、抗旱

有灌溉条件的地区，要在马铃薯开花期、块茎膨大期灌水 3~4 次，一般每 5~7d 一次，维持土壤湿润。注意顺垄灌水，防止大水漫灌，做到灌水不漫垄，在整个生长期土壤含水量应保持在 60%~80%。为了保证马铃薯稳产高产，要对干旱导致萎蔫的地块，采用人工挑水灌苗，或用积雨窖的水浇灌，以缓和旱情。

在雨水较多的地区或季节，及时排水，田间不能有积水。结薯后期减少供水，土壤见干见湿，以减少块茎含水量，便于贮藏。封垄后尽量减少田间作业，避免碰伤茎叶。

（四）叶面喷肥，化学调控

适时观察，花前有无徒长现象，如有徒长，可喷施多效唑 500mg/L 等进行调控，在块茎膨大期叶面喷土豆膨大素，有利于块茎的膨大，增加产量。

第四章　马铃薯保护地栽培技术

第一节　马铃薯大棚栽培技术

在我国南方地区，传统的马铃薯栽培有春秋两季，其中春季一般2—3月播种，5—6月采收；秋季8—9月播种，11月采收。但随着大棚等栽培设施的发展，一些地区利用大棚进行马铃薯冬季栽培，取得了良好的效果。

一、生长发育对环境条件的要求

（1）对温度条件的要求：马铃薯原产南美高山地区，喜冷凉的气候。种薯在4~5℃时可开始发根，5~7℃即可开始发芽，但非常缓慢，10~12℃以上幼芽生长迅速且健壮，以18℃生长最好。在高温下播种，马铃薯一般先发芽后生根；而在低温下播种，则先长根后发芽。马铃薯茎叶生长的适宜温度为17~21℃，并以20℃左右最为适宜。7℃以下时生长停止；温度降至-1℃时往往使植株受冻而死亡；温度在25℃以上时，植株生长受到明显影响；在30℃左右，地上部分生长停止，基叶变细，叶面积缩小，基叶枯黄。马铃薯块茎的膨大需要较低的温度，最适宜的土温是16~18℃，当土温为22℃时，块茎生长缓慢，25℃时块茎几乎停止膨大，当土温达30℃左右时，块茎完全停止生长。

（2）对光照条件的要求：一般来说，马铃薯是喜光植物，在生育期间，若长期光照不足或种植于过于阴蔽缺光的地方，茎叶容易徒长，延迟块茎形成。在长日照条件下，茎叶、花果及匍匐枝都生长较快，而短日照有利于块茎的形成。所以，马铃薯茎叶生长对光照时间长短的要求与块茎形成时的要求不同。但经过长期的人工选择，目前已形成对光照适应性较广的品种。一般早熟品种对长日照反应不敏感，晚熟品种对短日照条件要求较高。

(3) 对水分条件的要求：生产上马铃薯采用无性繁殖，从播种到出苗可利用薯块中储存的水分，所以有一定的抗旱能力。发芽后如果土壤缺乏水分，则对植株的生长有不良影响。发棵期土壤湿度应维持在田间持水量的70%~80%，促使茎叶旺盛生长，但即将转入结薯期时应适当控制水分，土壤湿度应由80%降低到60%。结薯期要求土壤水分充足且供应均匀，此期要求土壤湿度达到80%~85%，结薯后期则应控制土壤水分，以免因土壤水分过多导致块茎腐烂。

(4) 对土壤和营养的要求：马铃薯对土壤的要求不严格，但以土层深厚、质地疏松、排水通气良好、富含有机质的沙壤土最为适宜。疏松肥沃的土壤是保证马铃薯根系发育和块茎膨大的重要条件。适宜的土壤酸碱度（pH值）为5.5~6.5。在碱性土壤中则易发生疮痂病。马铃薯在全生育过程中，对营养元素的吸收以钾最多，其次是氮和磷。养分供应状况对马铃薯的产量和品质影响较大，氮素充足时，茎叶生长繁茂，块茎的蛋白质含量也高，但氮肥过多，易导致徒长、成熟延迟、品质下降；磷肥充足，有利于提高块茎品质和贮藏性，若磷肥少，则植株小、叶柄和叶向上直立生长、淀粉积累减少；钾可以促进块茎中养分的积累，增强抗病力，缺钾则导致植株节间缩短，叶面积缩小。

二、大棚马铃薯早熟栽培技术

（1）品种选择：冬季大棚栽培的马铃薯要求块茎休眠期短、块茎形成早、结薯集中、株型小及茎直立等。目前在大棚马铃薯栽培上比较理想的品种有：张薯1号、东农303、中薯2号、克新2号、克新4号等。

①张薯1号，甘肃张掖地区农科所选育，具有熟性早、耐低温、品质好、产量高等特点。植株较直立，株型紧凑，株高55~65cm，叶色绿，花白色。结薯较集中，薯块椭圆形，皮和肉均淡黄色，薯块长足时有200~300g，但大棚栽培时单个马铃薯达到50~100g时就可采收，芽眼较浅。在长江中下游地区可在10月下旬播种，元旦前后便可上市供应。

②东农303，见相关内容。

③克新2号，黑龙江省农业科学院马铃薯研究所选育。株型直立，分枝多，株高65~70cm，茎绿色，有极淡的紫褐色素，生长势强；叶绿色，茸毛少，复叶大，侧小叶5对。块茎圆形，薯块大而整齐，结薯集中，黄皮淡黄肉，表皮有网纹；芽眼多、深度中等；半光生幼芽基部椭圆形、紫红色，顶部尖形、浅紫色，茸毛多；块茎休眠期长，耐贮藏。中熟，生育期90d左右；蒸食品质优。抗晚疫病，抗X和Y病毒，轻感卷叶病毒，抗旱。一般每亩产量1 500kg左右。

④克新4号，黑龙江省农业科学院马铃薯研究所选育。株型开展，分枝少，株高60cm左右，茎绿色，生长势中等；叶浅绿色，茸毛中等多，复叶大小中等，侧小叶4对。块茎扁圆形，顶部平，薯块大小中等、整齐，结薯集中，黄皮淡黄肉，表皮光滑；芽眼数目中等、浅；半光生幼芽基部圆形、紫色，顶部尖形、淡紫色，茸毛多；块茎休眠期短，极耐贮藏。早熟，生育期70d左右；蒸食品质优。植株感晚疫病，块茎对晚

疫病有较高抗性，感环腐病，对 Y 病毒过敏，轻感卷叶病毒，耐束顶病。一般每亩产量 1 500kg 左右。

⑤红眼睛，江南地方品种。植株较直立，株高 45cm 左右，开展度 40cm×45cm，分枝性弱。叶绿色，小叶长卵形。匍匐茎较短，长 2~3cm，结薯集中，一般 7~10 个。薯块近圆形，长 6.5cm，横径 5.5cm，单株产量 300~400g，表皮薄而光滑，浅黄色，肉浅黄色；芽眼浅、紫红色，单个薯块有芽眼 9 个以上。中熟，播种至采收 85d 左右，休眠期 100d 左右，耐热性弱，耐旱性和抗病性中等。质地致密，品质优良，宜炒食或煮食。一般每亩产量 1 500kg 左右。

（2）种薯处理：为了保证发芽整齐，提高产量，播种前 10~15d 必须对马铃薯进行种薯处理。首先挑选无病种薯，剔除有病种薯和过小种薯（薯块 20g 以下），100g 以上的薯块需切成小块，每块至少带 2 个芽眼。为防止种薯带病传染，在播种前要进行消毒处理。可用福尔马林溶液（40%的甲醛 1 份，加水 99 份配制而成）浸种 20~30min，捞出闷 6~8h。其次，用赤霉素处理打破休眠，即整薯用 5~10mg/L 的赤霉素浸种 30min、切开的薯块用 0.5~1mg/L 浸 10min，晾干表面水分后置于湿沙土中催芽。一般一层种薯一层沙土，堆放 2~3 层，上部覆盖稻草并加盖薄膜，保持 15~20℃的温度（温度不可超过 25℃，否则容易腐烂）。沙土应干湿适宜，掌握在手捏成团、撒手即散的原则，严禁湿度过高和积水。人工催芽过程中，每 5~7d 检查一次，剔除腐烂的种薯。一般 10d 后就能出芽。芽长 1~2cm 将种薯取出，在有光的地方放置 3~5d，使芽变绿、粗壮，然后播种。

（3）整地施基肥：马铃薯应严格轮作（与茄果类、马铃薯轮作 2~3 年），并避免碱性土栽培，以免发生疮痂病，宜选择土层深厚、疏松肥沃、排水良好的微酸性（pH 值 5.5~

6.5）沙壤土。播种前 10d 左右，应扣好棚膜，整地做畦施基肥，为马铃薯根系的生长和块茎的膨大创造良好的条件。

一般每个标准大棚做 4 畦，畦宽 1.5m（连沟）、畦高 25～30cm。由于早熟马铃薯生长期短，播种密度高，且覆盖地膜栽培后不便追肥，因此在播种前应一次性施足基肥。可采用集中沟施或整地前撒施，每个标准大棚施有机肥 700～1 000kg、复合肥 15～20kg、硫酸钾 13～17kg、过磷酸钙 10kg。

（4）播种：播种期应根据当地实际情况灵活掌握，一般长江以南地区可 10 月中旬至 11 月中旬播种，长江以北地区可延迟 20～30d。每个标准大棚用种量为 50～70kg。株行距为 25cm×30cm，每个标准大棚 1 700～2 000株。经过预处理的种薯芽长 1～2cm 时即可播种，可穴播或开沟播种。播种后覆盖草木灰或其他质地疏松的面肥（如砻糠灰与田土的混合物、木屑），然后喷除草剂，并覆盖地膜。

三、田间管理

①破膜引苗。播种 2～3d 后，要经常检查，当有 30%左右出苗时应及时破膜引苗。破口要小，周围用土封口。

②温度管理。播种后应密闭大棚，出苗后，若外界气温较低，最好搭小拱棚进行多层覆盖，或用遮阳网、无纺布浮面覆盖。白天大棚内温度在 20℃以上时应进行通风降温。在 12 月以后，外界气温降低到 0℃左右时更应注意多层覆盖，做到朝揭夜盖。

③生长调控。冬季马铃薯栽培上，在施足基肥后一般不再追肥，保持适宜的土壤湿度即可。但在生长期间有时会出现茎叶过度旺盛的情况，这时为协调地上部分生长与块茎膨大的关系，可用 50mg/L（5×10^{-5}）烯效唑或用 100mg/L（1×10^{-4}）多效唑叶面喷洒。

④肥水管理。冬季栽培马铃薯一般不进行追肥，如植株生长缓慢，出现明显缺肥情况，可进行叶面追肥，用0.35%磷酸二氢钾每7~10d喷一次，连续2次。如果能在进入结薯期喷施1 000倍的植物动力2003，则可明显提高薯块产量。在水分管理上，应根据土壤湿度情况灵活掌握。由于采用地膜覆盖栽培，加上此时温度较低，一般不会出现水分不足问题。若需要补充水分（特别是进入结薯期后），可适当浇水或沟中淌水，水分的补充必须在晴天中午进行，并加强通风降湿。结薯后期，则应控制水分，防止土壤水分过多。

⑤病虫害防治。马铃薯生长期间的主要病害是病毒病、青枯病、晚疫病、灰霉病等，虫害主要是蚜虫、小地老虎、蝼蛄、二十八星瓢虫等，应及时防治。

⑥及时采收：马铃薯的采收期应根据市场行情、块茎大小及消费者喜好灵活掌握。冬季栽培的马铃薯一般在元旦开始即可连续采收，并通常在3月中旬前后结束。产量因品种及采收期而有较大的差异，一般为每亩500~1 500kg。

第二节　地膜覆盖栽培技术

一、做好播前准备，适时播种

地膜覆盖，可提前10d左右播种，提前10~15d收获，尤其是北京和河北马铃薯生长期短的二季作地区，利用地膜覆盖种植马铃薯效果显著。田间管理的重点是提高地温保墒。土地解冻后，视土壤墒情灌水、深耕，疏松土壤，提高土壤蓄水保肥和抗旱能力，为根系发育和薯块膨大打好基础。施足底肥，农家肥和化肥混合施用，每亩需用农家肥1 500kg和磷酸氢二铵25~50kg。施肥后整地、盖地膜以提高土壤温度。

二、选用良种，做好播前催芽

首先要因地制宜选用合适的品种，针对地膜覆盖早种早收栽培，应选用结薯早、块茎前期膨大快、产量高、大中薯率高的优良早熟品种，其次必须应用脱毒种薯，保证优良品种高产。播种前 1 个月左右，将窖藏种薯取出放在 15~18℃下催芽暖种，发壮芽。早播需催大芽，以促早发根、早出苗、早齐苗、早发棵、早结薯、获高产。大种薯在播前 4~7d 切块以减少播种量，并在切块过程中淘汰带病种薯。每个切块以重量不少于 25g、带 1~2 个芽为宜，切后用草木灰或干沙土拌薯块，使伤口收水，防止播种后种薯腐烂而影响出苗。地膜覆盖栽培，宜浅播，播后覆土厚度以 6~8cm 为宜。应用 90cm 幅宽地膜，先覆膜后打孔双行播种。行距为双行间 60cm，单行间 20cm，株距以 25cm 为宜，早熟品种因植株瘦小，宜密不宜稀。

三、加强田间管理

田间管理要点为前期中耕除草、追肥、培土，后期注意灌水排水，防治病虫害。

（1）苗期管理：一般播后 20~40d 出苗。出苗后 15~20d 开始现蕾，这一时期为幼苗期。早熟品种幼苗期时间极短，田间管理的重点是壮苗促棵、早管理。齐苗后，即结合中耕除草，进行第一次浅培土。苗高 15~20cm 时适当干旱，以后及时浇水，有利于根系发达。

（2）结薯期管理：从现蕾期到初花期为结薯期。此时的管理重点为多次中耕除草培土，及时追肥灌水。培土应加高加厚，以免块茎外露变绿而影响品质。另外，此时气温已高，应培土遮盖地膜以免土壤温度过高而影响结薯。此期，田间不能缺水，应及时浇水。视苗情结合浇水，早施、少施或不施追肥。

(3) 薯块膨大期管理：从初花开始到植株枯黄为薯块膨大期。此时的管理重点为充分满足水肥需求。封垄前再次进行中耕培土。及时浇水，保持土壤湿润，以保证高产，同时防止因土壤温度过高而产生二次生长，形成畸形薯影响商品性，但要禁止漫灌。

四、及时收获，增加经济效益

为了获得较高的经济效益，可采用“偷蛋”的方法，提前收获一些大薯块，补充春季蔬菜淡季。但要注意在取得大薯块的同时，尽量少伤根系，不伤幼小薯块并及时覆土。综合考虑市场价格和产量确定收获时间。

第五章　种薯的脱毒生产技术

第一节　种薯脱毒生产的概述

一、脱毒种薯的概念

被当成种子的薯块就是“种薯”。而“脱毒种薯”则指的是马铃薯的种薯由一系列物理、生物、化学或其他技术措施除掉薯块体内的病毒后，获得的经检测无病毒或很少有病毒侵染的种薯。在马铃薯的脱毒快速繁殖和种薯生产系统中，所有级别的种薯的总称就是脱毒种薯，种用脱毒试管苗在试管里诱导生产的薯块称作“脱毒试管薯”。在由人工控制的防虫网室中，使用试管薯栽培、试管苗移植和脱毒苗扦插等方法生产的小薯块就称作“脱毒微型薯”“脱毒原种”“脱毒原原种”“一级脱毒种薯”“二级脱毒种薯”等。脱毒种薯的生产和一般的种子繁育不一样，它需要经过十分严谨的生产过程，依照各种种薯的生产技术的要求，采用一系列防止病毒和别的病害感染的措施，这包括种薯生产田用到人工或天然隔离条件、严格的检测和监督病毒的措施、把握好播种和收获的时间、尽快去除有病植株、保持周围环境的安全、防蚜避蚜和种薯收获后的检验等，要严格把关每一块种薯田，保证脱毒种薯的质量。经试验，确定脱毒种薯有十分明显的增产效果，使用脱毒种薯可以增产 30%~50%，高者增产 1~2 倍，甚至多至 3~4 倍。使用脱毒种薯生产马铃薯的方法之所以有这么大的增产效果，其原因：一是种薯的品质高，没有或几乎没有受到病毒的侵害，因此植株在生长过程中可以充分发挥品种优良的生产特性；二是当地农家品种的退化比较严重，当地的品种退化得越严重，使用脱毒种薯生产的田地的增产情况就越明显，增产量就越多。

（一）脱毒苗

应用茎尖组织培养技术获得的，经检测可确定不带有马铃薯卷叶病毒（PLRV）、马铃薯X病毒（PVX）、马铃薯Y病毒（PVY）、马铃薯S病毒（PVS）、马铃薯A病毒（PVA）和马铃薯M病毒（PVM）等病毒以及马铃薯纺锤块茎类病毒（PSTV）的再生试管苗。

（二）脱毒种薯

指的是从繁殖脱毒苗开始，经过一代代繁殖增加种薯数量的种薯生产体系所生产的达到质量标准的各级种薯。脱毒种薯有两类，即基础种薯和合格种薯。基础种薯指的是用于生产合格种薯的原原种以及原种；而合格种薯指的则是用作生产商品薯的种薯。

（三）脱毒组培苗

指的是利用脱毒苗，用组织培养的方法大量繁殖，用作生产原原种的试管苗。

（四）试管薯

试管苗是一种微型小薯，在组织培养容器中经诱导产生。重量通常不足1g，不过因为在生产过程中没有接触外界环境，因此生产出的微型小薯质量佳，可直接用于脱毒生产原种或生产微型薯。

（五）原原种

指的是温室条件下在防虫网室中利用组培苗生产的马铃薯

不含有病毒、类病毒和其他马铃薯病虫害的，具有所选品种（品系）的典型特征的种薯。通常生产的种薯较小，重量小于10g，因此常常被称作微型薯，也被称作脱毒微型薯。

（六）原种

有两类，即一级原种和二级原种。一级原种是以原原种为种薯，在良好的隔离防病虫的环境中生产出的达到一级种质量标准的种薯。二级原种则是以一级原种为种薯，在良好的环境中生产的达到质量标准的种薯。

（七）合格种薯

分为一级种薯和二级种薯。一级种薯指的是以原种为种薯，在良好的隔离防病虫的环境中生产出的达到一级种质量标准的种薯。二级种薯指的是以一级种薯为种薯，在同样良好的条件下生产出的达到二级种质量标准的种薯。

二、脱毒种薯在生产上的意义

（一）使出苗率得到提高

在实际生产应用中，脱毒种薯有个突出特点，就是烂薯率大幅度降低，出苗率上升。和没有脱毒的种薯相比，前者的平均出苗率比后者高13.7%～31.9%，在有些干旱地区，这一数值可高达60.9%。

（二）植株生长旺盛，生长势增强

马铃薯脱毒后，植株的生长势旺盛。例如，初花期植株的高度，脱毒的比没有脱毒的高26.6%～37.7%，叶面积前者比后者大57.1%，茎粗35.0%，这些为达到高产构建了很强的绿色体，是增产的物质基础。

（三）叶绿素增加，提高光合强度

马铃薯经过脱毒，不但植株生长旺盛，而且叶片中叶绿素的含量和光合强度也都明显得到了提高。比如，脱毒植株在初开花期、结薯期的叶绿素的含量均比未脱毒植株高，分别高30.7%、33.3%，两个时期的光合强度分别提高了14%、41.9%。试验显示，脱毒植株光合产物向块茎转运的比例是对照的4.13倍，其比例是最大的，其次是向地上部转运，转运最少的是根部。没有脱毒植株的情况与此相反，其光合产物转运到茎叶中的最高，转运到块茎中的很少。这是因为植物体内有病毒，这些病毒阻碍了植株的生理代谢。

（四）提高抗逆性

脱毒的植株水分代谢旺盛，较抗高温、干旱，病害也会明显减少。如果土壤中水分充足，温度适宜，光照量足够，那么叶片的蒸腾强度会比没有脱毒的植株高32.9%。反之，如果土壤缺水，温度高，光照又强，蒸腾强度会比未脱毒植株低11.9%。这就表明脱毒植株抗逆性较强，能够对自身进行适当的调节，以便更好地适应不同的环境。

（五）增产

和未脱毒植株比较，脱毒植株的增产效果十分明显。在相同的条件下，后者一般可比前者多产30%~50%，有的时候产量可能会成倍增加。脱毒之前退化越是严重的品种，脱毒之后增产越多。

第二节　脱毒种薯繁育设施与设备

一、基本条件

（一）1~2间工作室

用来调配试剂、制备培养基、消毒高压锅，还用来存放药品、器材和完成洗涤工作。室内应当配有试验台、工作台和存放药品、器材的架子、柜子以及箱子等，此外要具备水、电、供暖等设施。

（二）一间无菌室

在室内对脱毒苗进行切断和接种工作，以防被病菌侵染。室内应有一个紫外线灯、一个超净工作台，开关装在门外。最好用瓷砖或水磨石铺地，保证墙壁上无尘。如果没有紫外线灯，可使用来苏儿水喷雾消毒灭菌，严防污染。

（三）一间培养室

用于繁殖培养试管苗。要求室内能控制光照、温度。在装着荧光灯的架子上放试管苗（三角灯）。可安装窗式空调来控制室温。可用黑色薄膜隔离营养架，以培养微型薯（试管薯），实现1室两用。

（四）一间贮藏室

主要存放器材、用品和药品。室内有贮藏架、柜即可。

（五）配套的温室

用于移栽试管苗、繁殖扦插和生产原原种。可以用珍珠岩、草炭、蛭石等制成基质并铺在地面或放于箱盘中来扦插。切记要预防粉虱、蚜虫和螨虫的发生。

（六）1~2个防虫网棚

1个网棚通常有半亩地大小，根据需要可先制备1~2个网棚，使用40目网纱就能预防蚜虫。网棚中要设计缓冲门，这是为了人进入后能除去身上的有翅蚜虫和脱换衣、鞋等的地方，以防将害虫带入棚内。

二、设施设备

（一）组织培养室

将工厂化大规模生产作为目的，组培室的规模不够，这样会影响生产，降低效率。因此当设计组织培养室时，要按植物组织培养的程序设计，不能颠倒某些环节，使日后工作混乱，降低工作效率。应当在绝对无菌的环境中进行植物组织培养，如此就要用到某些器材、设备和用具，另外还需要人工控制光照、温度、湿度等条件。

（二）大型连栋温室

马铃薯脱毒微型小薯的根本设施就是温室，主要有塑料大棚、单栋日光温室和大型连栋温室。其中大型连栋温室用来育苗有很多优点，如受光均匀、管理方便、便于调控环境、土地利用经济等，不过一次性投入高，此外在夏季较热而冬春严寒的地区，还有夏季降温难、冬季升温花费大、难以清除积雪等问题。尤其在我国北方地区寒冷的冬季造成巨大能耗和成本，极大地限制了此种温室的应用。对此，要根据当地的气象条件、投资方的资金能力等条件建造符合当地特色的、具有优良的节能性能、环境可控力强的现代化大型连栋温室。

（三）单栋日光温室

若是北方寒冷地区，提倡使用大跨度（10~12m）的节能升温日光温室。

（四）塑料大棚

这是一种大型拱棚，上由塑料薄膜覆盖，有很多种结构和类型。与温室比较而言，有建造和拆装方便、结构简单、一次性投资少等优点；与中小棚相比，又有寿命长、坚固耐用、棚内空间大、方便调控环境、对作物生长有利和方便作业的优点。从20世纪80年代以来，我国有单位研制出了一批组装式管架大棚，虽然造价较高，但由于多数管棚用的是薄膜镀锌钢管，强度大、重量小、中间无柱、耐锈蚀、易安装，因此不管是采光性还是作业性，都较理想。目前，已应用于脱毒小薯繁育。

中国农业工程研究设计院研究设计出GP系列镀锌钢管装配式大棚，现已应用于全国各地。骨架由内外壁热浸镀锌钢管制成，有很强的抗腐蚀能力，可使用10~15年，抗风荷载31~35kg/m^2，抗雪荷载为20~24kg/m^2。具有代表性的GP-Y8-1型大棚高3m，长42m，跨度为8m，面积为336m^2；拱架由1.25mm薄壁镀锌钢管制成，纵向拉杆用的同样是薄壁镀锌钢管，通过卡具和拱架连接起来；用卡槽、蛇形钢丝弹簧将薄膜固定，还可外加压膜线，以辅助固定薄膜；该棚两侧还附有手动式卷膜器，取代了人工扒缝放风。

中国农业工程研究设计院为了使产品标准化、系列化、通用化，具有能适应不同地区的农艺条件和气候环境，还在GP-Y8-1型的基础上设计了GP系列产品。

第三节 茎尖脱毒生产与快速组培繁育

一、茎尖脱毒生产

(一) 茎尖脱毒培养的取材工作

马铃薯茎尖的脱毒效果和选择的材料有密切的联系。茎尖组织培养是为了去掉病毒，然而种植的品种产生病毒性退化时，植株间感染病毒的程度经常有很大的不同。有的植株感病重，有的轻，还有一些基本健康。病毒复合侵染就会使植株感病重，比如有些植株被Y病毒和S病毒侵染，或者被3~4种病毒侵染，病症很重，生长特别差，产量会非常低。制备一种病毒感染的植株病症轻，因此选择茎尖脱毒材料的时候，不仅要注意品种的典型性，还要在大量植株中选择病症最轻或接近健康的植株。用这些植株培养茎尖时，可直接用植株上的腋芽或分枝来完成培养茎尖剥离，或者取出这些植株的块茎，并在其发芽后剥下芽的顶尖，也就是生长锥来进行培养。有些品种因在种植过程中病毒侵染的机会少，或种植时间短，所以可能会使某些植株无病毒而保持健康状态，如果经检测可以确定这种植株没有病毒，就能直接作为无病毒株系扩大繁殖，以免脱毒之劳。但不管取材健康程度怎样，都要在取用前进行检测纺锤块茎类病毒（PSTV）以及其他病毒，这是由于纺锤块茎类病毒可在细胞核内存在，还能与染色体结合，用茎尖脱毒方法脱不掉。通过对脱毒材料类病毒进行检测，就能全面掌握所选取的茎尖材料的状况，以便进一步确定是否用此茎尖材料。

（二）病毒检测工作

1. 培养茎尖前的检测

我国在生产上推广的马铃薯品种、研究单位保存的亲本材料（包括试管苗）多少都可能被马铃薯纺锤块茎类病毒侵染。对于茎尖培养材料，首先要使用聚丙烯酰胺凝胶电泳法检测纺锤块茎病毒，如果存在此病毒，必须淘汰，因为茎尖脱毒一般无法脱去此病毒。只有确定茎尖材料无纺锤块茎类病毒后，再检测其他病毒。可使用的方法有指示植物法、血清法以及电镜法，检测茎尖培养的材料带有何种病毒，要登记，培养后要核查。

2. 检测培养后的成苗

进行茎尖脱毒培养的时候，一般少则取几十个，多则几百个。培育成苗后，要严格检测。实践证明，侵染马铃薯的病毒中最难以脱掉的是 S 病毒（PVS）和 X 病毒（PVX）。通常经过茎尖培养，凡能脱去 X 病毒和 S 病毒，那么其他病毒也会被脱掉。当然，本身不带 X 病毒、S 病毒的茎尖，做到带有什么病毒就检测什么病毒。在我国，有 7 种病毒最常见。这 7 种病毒中最容易脱掉的是卷叶病毒（PLRV），最难的是 S 病毒（PVS）。根据其脱毒由难到易的程度可以排为：PLRV<PVA<PVY<PAMV（奥古巴花叶病毒）<PVM<PVX<PVS。

脱毒苗绝对不可以带类病毒和任何病毒，因此一定要严格检测。在用电镜和血清法检测后，如有需要可使用指示植物接种来确定检测结果。指示植物应当被筛选过且对某种病毒有专化性反应。如千日红对 X 病毒的反应是接种之后叶片上会出现红色病斑；酸浆对 Y 病毒的反应为接种后叶片上会出现小枯斑；而地霉松对 A 病毒的反应则是叶片上会出现很多小型点状病斑等。如果血清检测和指示植物接种均无病症反应，则可确定此脱毒苗为无毒苗，以后才可以应用于无病毒种薯的生产。

（三）制备培养基

马铃薯的茎尖培养一般采用 MS 培养基。概述如下。

1. 培养基含有的成分

（1）大量元素：每升培养基含有硝酸钾 1 900mg、硝酸铵 1 650 mg、氯化钙 5 440 mg、硫酸镁 370mg、磷酸二氢钾 170mg、乙二胺四乙酸二钠 37. 3mg 和硫酸亚铁 27. 8mg。

（2）微量元素：每升培养基含有硫酸锰 22. 3mg、硫酸锌 8. 6mg、硼酸 6. 2mg、硫酸铜 0. 025mg、碘化钾 0. 83mg、钼酸钠 0. 25mg 以及氯化钴 0. 025mg。

（3）有机成分：每升培养基含有蔗糖 30 000 mg、琼脂 8 000mg、肌醇 100mg、腺嘌呤 5mg、甘氨酸 2mg、吲哚乙酸

1mg（或 1 ~ 30mg/L）、6-苄基腺嘌呤 1mg（或 0.04 ~ 10mg/L）、维生素 $B_6$0.5mg、烟酸 0.5mg、维生素 B_1 0.1mg，最后调整氢离子浓度是 1 995nmol/L（pH 值为 5.7）。

2. 配制方法

（1）将大量元素配成 10 倍母液：将 300ml 蒸馏水加入 1 000ml 的容量瓶里，然后加入一种元素，等溶化之后加入另一种元素，依此类推，先后加入 19g 硝酸钾、1.7g 磷酸二氢钾、16.5g 硝酸铵和 3.7g 硫酸镁，全溶后加蒸馏水至 500ml，再加入 4.4g 氯化钙，待溶解之后加入蒸馏水至 1 000ml，就成为 10 倍母液。制作 1 000ml 培养基需要 100ml 母液，也就是每升培养基中各元素的需要量。

在配制 10 倍母液的过程中，也可以将各种元素分别溶于 100ml 容器里，待全部溶化时，倒入 1 000ml 的容量瓶中，定容到 1 000ml，使用蒸馏水进行溶解和定容。如果需母液量多，就可以将每种元素和蒸馏水同步加倍。配制好的母液若不马上使用，则要放于冰箱下部不结冰的位置或冷凉的地方。

（2）单用铁盐配成 100 倍母液：就是将 2.78g 硫酸亚铁溶解于 100ml 蒸馏水中，在 100ml 蒸馏水中放入乙二胺四乙酸二钠 3.73g，经过加热溶解后倒入硫酸亚铁，待冷却时倒进容量瓶中，加蒸馏水至 400ml。调整氢离子浓度至 3 163 nmol/L（pH 值为 5.5）。使用的时候，每配 1 000ml 培养基，需要 4ml 母液。

（3）用微量元素配 100 倍母液：在 100ml 的容量瓶中加入 50ml 蒸馏水，分别加入 2.23g 硫酸锰、0.86g 硫酸锌、0.62g 硼酸、0.083g 碘化钾、0.0025g 硫酸铜、0.0025g 氯化钴以及 2.23g 硫酸锰，待一种溶解后再加入另一种，全溶后加蒸馏水至 100ml，就制成了 100 倍母液。每 1 000ml 培养基需要加入母液 1ml。

（4）用有机成分配 100 倍母液：在 100ml 的容量瓶加入 50ml 蒸馏水，先用少量热水溶解 0.5g 腺嘌呤，然后倒入瓶中。将 0.2g 甘氨酸溶于少量浓度为 1mol/L 的盐酸中，分别将易溶于水的肌醇 10g、烟酸 0.05g、维生素 B_1 0.01g、维生素 B_6 0.05g、吲哚乙酸 0.1g 和 0.1g 6-苄基腺嘌呤溶于上面提到的容量瓶里，加入蒸馏水直至 100ml，就是 100 倍母液了。每配制 1 000ml 培养基，需要加入 1ml 母液。

配好上述各种母液后，在配制培养基时，首先考虑培养基的用量。如按照每个 15cm×2cm 规格的试管放 10ml，每个 100ml 的三角瓶放 25ml 来算的话，1 000ml 的培养基可装 100 个试管或 40 个三角瓶。培养基的用量确定之后，按总量 3/4 的蒸馏水加入需要量的蔗糖以及琼脂，然后加热，使其溶解。如果配制的培养基是液体，就不用加热了，这是因为不用琼脂时，蔗糖在一般室温下易溶解。加热溶解的琼脂和蔗糖等温度下降到 40℃时，按照制成 1 000ml 培养基所需要的母液用量来分别加入，然后加入蒸馏水至定容量，搅拌充足后，用 1mol/L的氢氧化钠或盐酸将氢离子浓度调到 1 585nmol/L（pH 值为 5.8)，然后分别放在三角瓶或者试管中，使用高压锅进行消毒。消毒过程中，当压力上升至 49.03kPa 时，打开放气阀，放出冷气，然后关阀，等压力升到 104kPa 时，保持 15~20min，就可以实现灭菌的目的。消毒时间不要过久，否则会改变培养基的成分。灭菌之后的三角瓶或者试管放在无菌室内，供茎尖培养或脱毒苗繁殖时使用。没有用完的各种母液仍进行冷藏。

（四）茎尖培养方法

1. 消毒材料

可以用植株分枝或腋芽来获取茎尖。不过使用的更多的是块茎上的嫩芽，这是因为很难对植株腋芽彻底消毒，容易污染。块茎上的幼芽长约 4cm，在幼叶还没有展开的时候切取（由于老芽容易分化成花芽，所以不能使用老芽）。在进行剥取茎尖工作之前，先对选择的芽段消毒，可将芽放入烧杯中，用纱布封口，放于自来水池中冲洗 30min，取出后蘸一下 95%的酒精，再在 5%的次氯酸钠溶液里浸泡 20min，然后使用蒸馏水洗 3~4 次，这样就可以拿到无菌室进行剥取茎尖工作。

2. 消毒无菌室

应当在无菌室里的超净工作台上完成茎尖的剥取工作。要对无菌室消毒，以避免有杂菌。通常用 5%的石碳酸水进行全面喷雾，还要用紫外线灯照射超过半小时。为了身体健康，工作人员在关闭紫外线灯 20min 后，才可以进去（开关在室外）。要提前打开超净工作台，过半个小时再工作。工作人员进入无菌室前，要将手表、手镯、戒指等放在室外，穿上消过毒的帽子、鞋、工作服和戴上口罩。进入无菌室之前要用肥皂洗净手和手腕，然后用 70%的酒精棉球擦手和工作台上的用具，最后开始工作。

3. 剥离茎尖和接种

将已经消毒处理的芽段放在位于超净工作台上的 30~40 倍的解剖镜下，使用解剖针将芽顶嫩叶一层一层剥去，在露出 1~2 个叶原基和生长锥时，用自制的长把刀或解剖刀切下带 1~2 个叶原基的长 0.2~0.3mm 的生长锥，马上在试管内的培养基上进行接种，一个试管只接种 1 个茎尖，记得为试管编上号，以利于检查成苗。完成接种后要在工作日志上注明接种品种、管数、日期及原茎尖带病毒种类等。

必须对接种时用过的刀具和解剖针进行严格消毒，应当准备 2 个刀具、2 个解剖针。开始时将 2 个用具放在有酒精的杯中，用时取出1个，剥完1个茎尖后用酒精灯烧一下刀具和解剖针放到酒精杯里，剥第二个时换1个刀具和解剖针。为了防止病毒污染，要轮流使用接种工具。

4. 茎尖培养

在培养室内培养接种后的茎尖试管。保持20~25℃的室内温度，每日16h光照，光照强度在2 000~3 000lx。茎尖成活后约1个月通常就可以看到长势很明显。如果叶原基形成小叶后没有生根，可将茎尖转入无生长调节剂的培养基上，小苗就能快速形成根系。大约培养4个月，茎尖可以发育成小的植株。当小植株有4~5个节时，单节切段，接种到三角瓶或试管里的培养基上，也要标上编号。大概过30d再把试管或三角瓶中的小植株单节切段接种到3~4个三角瓶里。当瓶里的苗长到10cm高时，直接检测2~3瓶苗的病毒情况，也可以移栽到温室供病毒检测，留一瓶（同样编号的）在培养室内保存着。经过检测确实没有任何病毒的试管苗，才能认定为无毒苗，这种苗才可以进行繁殖利用。只要检测出茎尖苗有病毒，一律淘汰，并立即汰除培养室中保存的同样编号的试管苗。

二、茎尖脱毒率的提高

依据细胞分化、植物组织生长发育的特性和利用高温、药剂进行处理，可以降解、钝化病毒和抑制病毒繁殖的作用，在培养茎尖脱毒时，两者结合处理有很好的效果。

（一）高温处理

侵染马铃薯的病毒对温度有不一样的反应。对患病毒病的马铃薯块茎幼芽或植株进行高温处理后，开始茎尖培养，这样脱毒率比较高。1981年山西省农业科学院对S_{3012}品系的块茎进行37℃的高温处理，20d后所有植株均没有出现卷叶病，但处理 15d 的卷叶病株率为 19%，未处理的卷叶病株率为 100%。

侵染马铃薯的 Y 病毒、X 病毒对温度有完全不同的反应。最适宜 X 病毒在植株中繁殖的温度是 20~24℃，当温度为25~28℃时病毒浓度会降低，病症减轻。而最适宜 Y 病毒繁殖的温度是 28℃，在 31℃的温度下仍能转移。当 X 病毒、Y 病毒同时侵染植株时，Y 病毒不会受 X 病毒影响，但因有 Y 病毒存在，X 病毒不仅浓度增高、毒性加强，而且还可借 Y 病毒增大侵染的范围。因此 X 病毒、Y 病毒同时侵染会加重植株病害，使产量大幅度减少。有报道称，纺锤块茎类病毒适宜在高温下繁殖，因此高温处理不适于纺锤块茎类病毒。科学家将有这种病毒的块茎保存在 4℃条件下 3 个月，然后在 10℃环境中生长 6 个月，这种植株使用茎尖培养再脱毒，效果较好。

（二）药剂处理

药剂可以减少病毒的繁殖，可以提高茎尖的脱毒率。霍林斯说过，嘌呤和嘧啶的有些衍生物如 2-硫脲嘧啶、8-氮鸟嘌呤等可以结合病毒粒子，使一些病毒无法繁殖。谢巴德曾在培养基中加入 10mg/L 的病毒唑，然后培养带有 X 病毒的烟草愈伤组织，可以分化出大量不带 X 病毒的植株，523 个再生植株中只有 33 个有 X 病毒。仍用这种培养基培养带有 Y 病毒的烟草原生质体愈伤组织，会将 Y 病毒脱除。瓦姆布谷等人也用浓度不等的病毒唑处理长 3~4mm 的马铃薯茎尖（腋芽），20 周后，Y 病毒和 S 病毒被除去，在培养基中加入 20mg/L 的病毒唑，能脱除多于 90%的 S 病毒和 85%的 Y 病毒。用上述药剂处理患病毒的材料，效果都很好，尤其是病毒唑属于一种核苷结构的类似物，放到培养基中可以抑制病毒，在培养的茎尖长到 3~4cm 时，脱毒率依然很高，所以这种药剂很有前途。

（三）切取茎尖的大小

目前世界上仍将高温处理后剥取茎尖作为对马铃薯茎尖脱毒培养的主要方法。实践证明，茎尖的大小对茎尖的脱毒率、成活率有很大影响。通常培养的茎尖越小，成苗率就越低。尤其是S病毒、X病毒，剥取的茎尖越小，脱毒率就越高，但成苗率越低。因这两种病毒离生长点近，不易脱除。马铃薯茎尖培养切取的茎尖通常长0.1~0.3mm，还有1~2个叶原基。若茎尖有叶原基，则更容易成活；若不含，则不易成活。克莎尼斯曾用长0.1mm的茎尖脱去A病毒、S病毒和X病毒。尤拉等也用长0.2mm的茎尖将S病毒和X病毒脱除。阿克梯诺成功地用含有2个叶原基的长0.2mm的茎尖脱除了A病毒、M病毒、S病毒、PLRV病毒和Y病毒。上述事例说明，切取长度在0.1~0.3mm并有1~2个叶原基的马铃薯茎尖有较好的脱毒效果。若切取的茎尖小，又不含叶原基，那么在培养时就容易产生愈伤组织。应特别注意，从愈伤组织中分化出的苗，常常会变异。

三、脱毒苗的快速组培繁育

马铃薯脱毒繁育首先要做的是试管苗快速扩繁，只有繁育出足量的试管苗，才有可能生产出大量的脱毒微型小薯。通常试管苗扩繁使用简易MS培养基，15~20d扩转一次，扩繁倍数约为1∶5。可以在扩繁的最后一次使用液体培养基培养茎段，这样不但方便移栽，还能减少成本，大大提高了工作效率。在扩繁时，由于操作及其他一些原因，可能会被病菌病毒侵染而产生退化，因此要及时抽检病毒。只有再一次进行茎尖脱毒，才可以重新使茎尖繁茂地生长。

第四节　微型薯的脱毒繁育

一、脱毒微型薯的常规繁育

微型薯又称为试管薯，是直接由试管苗长出的“气生”薯（直接从叶腋中长出的小块茎）。在无菌设备以及一定的培养条件下，试管薯可以周年生产，还不用考虑病毒侵染问题。微型薯的优点是既方便种质资源的保存与交流，又能当作繁殖原原种的基础材料，收入良种繁育系统；其缺点是薯块个头太小，要在网棚中扩繁一次，无法直接进行大田生产。

（一）生产微型薯的必要条件

1. 黑暗培养室

培养室的大小可以依据试管薯的生产量和生产单位来进一步确定。比如，$20m^3$ 的黑暗培养室里应有换气扇、空调、培养瓶摆放架，房顶要有照明用日光灯、消毒杀菌用紫外灯以及检查时要用到的绿色安全等设施。

2. 低温贮藏室

可在 200t 的贮藏窖里选一个 $8m^3$ 的小窖来贮藏试管薯，将贮藏架放于窖内，用塑料保鲜盒存放试管薯，为了方便取试管薯，给每个保鲜盒、试管架都分别编号。

（二）微型薯生产的主要技术要点

1. 母株培养

为了诱导结薯时方便地更换培养基，用液体培养基培养，常用的培养基是 MS 液体+0.5%的活性炭。以下是具体操作。

（1）装瓶：分别在干净的三角瓶（小型果酱瓶也可）里

放入配好的培养基，每瓶 6~8ml，然后用封口膜进行封口，并放到消毒室等待消毒。

（2）高压消毒：在高压灭菌锅里放入三角瓶，在 120~124℃下加热 20min，停止加热 20~30min 后取出三角瓶，冷却备用。

（3）剪切试管苗：将试管苗的基部、顶芽在无菌环境中（超净工作台）剪掉，剪成有 4~6 个节或叶片的茎段，放在消完毒待用的三角瓶中，每瓶放 5~6 个茎段，仍用封口膜封口。可以将剪掉的顶芽接入另一三角瓶中进行培养，每瓶放 5~6 个顶芽，这对瓶内苗的同步生长有利，然后将苗瓶拿到组培室培养。由于采用浅层液体静止培养，因此接种时要细心接放试管苗茎段，为防止培养液浸没茎段而使其窒息死亡，要小心操作，尽量不要有强烈运动。

（4）苗瓶管理：放苗瓶的组培室的要求是湿度 75%~80%，日温 22~25℃，夜温 1℃，光照不少于 16h，光照强度为 2 000~3 000lx。一旦发现有瓶子被污染，须马上移出培养室。25~30d 后每个茎段的叶腋处长出的小苗有 4~6 片叶时，就会成为一株茎秆壮实、根部发达、叶色鲜艳的壮苗，这就是母株，此时便可以开始诱导结薯。

2. 诱导微型薯

如果生产试管薯的条件完备，一年四季都能进行。不过在二季作地区，夏季高温高湿时期温室或网室里的温度基本高于 30℃，此时移栽或扦插试管苗都是不合适的。不过可以将试管苗的培养转入生产微型薯，就是在室内利用试管苗进行短光照暗培养处理，调整完培养基就可以对试管薯进行诱导。虽然试管薯非常小，但是能代替试管苗栽培，另外生产出的是和试管苗质量相当的无病毒薯块。这样在二季作地区就能将试管苗培养和试管薯生产结合在一起，轮流进行。一整年连续地生产试管薯、试管苗，十分有助于加速无毒种薯的生产。

国际马铃薯中心诱导试管薯的经验显示，开始依然用 MS 培养基生产脱毒苗，然后分两步诱导微型薯。

首先，培育健康的试管苗。越是粗壮的试管苗，结出的试管薯越大。在绝对遮光条件下生长的暗培养植株无法进行光合作用，而是将试管苗本身贮存的养分转为小块茎。培养壮苗时切除脱毒苗的基部和顶部，在液体培养基中培养长到 3~4 节的茎段。液体培养基的成分为 MS、6-苄基腺嘌呤 0.5mg/L、赤霉素 0.4mg/L、2.5%蔗糖，或者是 MS、6-苄基腺嘌呤 1mg/L、0.15%活性炭、萘乙酸 0.1mg/L 以及 3%蔗糖，这两种配方都不要加琼脂，在三角瓶里进行浅层液体静止培养。培养室温度在 20~25℃，每天光照 16h，光照度要高于 2 000lx。3d 后茎段就能长出腋芽，约过 4 周，瓶里会长满小苗，这时就能进行暗培养。

其次，可在生长箱中诱导试管薯的暗培养，也可在有空调的暗室或用黑膜特制的隔离间进行。暗培养使用的培养基的成分为：MS、6-苄基腺嘌呤 5mg/L、矮壮素 500mg/L 和 8%蔗糖，或者再加入 0.5%活性炭。氢离子浓度是 1 585 nmol/L (pH 值为 5.8)。

为避免受到污染，暗培养过程中更换培养基要在无菌室进行，倒掉原液培养基，将诱导培养基倒进去。封口后放入暗培养室中培养。保证暗培养室的温度在 18~20℃，通常培养 5d 就会出现试管薯。过 8 周就可以收获。将 4~5 个茎段放在 250ml 的三角瓶里，每瓶可生产 30~60 个微型薯。微型薯由腋芽形成，结薯的数量、薯块的大小、苗的健壮程度与品种相关。通常微型薯的直径为 5~6mm，大者 7~8mm，小者 3mm；每块重 60~90mg，小者 40~50mg，大者超过 50mg。早熟品种的微型薯休眠时间比大田生产的块茎多30~45d。国际马铃薯中心报道称，将收获的微型薯贮存在环境中，全黑暗培养的薯块的平均自然休眠期约为210d，而经8h光照处理的微型薯的平均自然休眠期是60d，不同品种差异很大。

3. 收获微型薯

在收获试管薯时应该用自来水洗3~5次，直到粘在试管薯上的培养基完全干净，将洗净的试管薯置于散射光条件下，干燥后再贮藏。在操作时要轻拿轻放，以防止撞伤薯皮。由于试管薯的诱导培养基含很多糖，试管薯收获之后脱离了无菌环境，细菌、真菌很容易侵染，而洗净粘在试管薯上的培养基，可以减少感染，防止试管薯发生烂薯现象。

4. 贮藏微型薯

将保鲜盒编上号码并放入干燥的试管里，然后放到窖里面的贮藏架上，保持窖内温度3~4℃。如果生产的试管薯量不多，也可以保存在冰箱的冷藏室内，这样能保证贮藏温度。

（三）马铃薯微型薯栽培技术

通过诱导试管苗叶腋而生成的小块茎就是试管薯，直径通常为2~10mm，重约0.5g。试管薯有大种薯的生长特性，可以发育成健壮的植株。试管薯在繁殖期间杜绝了外来病菌的再次侵染，使脱毒种薯的种性得到提高，增产潜力很大，所以实用价值非常大。试管薯体积小、营养少，有严格的生长发育的环境条件，应当提前培育壮苗，精细整地，保证墒情，进行科学管理，这是栽培试管薯的关键。

1. 整地施肥

合理施肥，精细整地。在整地的时候要进行深耕，使土壤变疏松，一亩地施5 000~6 000kg的农家肥、50kg磷酸氢二铵、50kg硫酸钾和500g防治地下害虫的辛硫磷，薯床耱细耙平。

2. 薯床培育壮苗

（1）催芽：试管薯有较长的休眠期，为保证出苗整齐，应在育苗前 40d 从贮藏室将试管薯取出，用 0.5～1mg/L 的赤霉素浸种，10min 后捞出晾干，放在 18～20℃环境中催芽，当小芽长到 2～7cm，已形成根原基、叶原基和匍匐茎原基时开始育苗，此种试管薯出苗快、根系发达、生长健壮。

（2）育苗：在合适的气温下于网室里进行育苗，按比例把草土灰、泥炭土、蛭石、硫酸钾、硝酸磷和适量多菌灵混合，制成营养基质，放进苗盘（60cm×24cm×6cm）里，营养基质要保持 5cm 的厚度，水要浇透，水渗进去后，将试管薯以 2.4cm×6cm 的行距摆于苗盘里，盖厚度为 1cm 的营养基质，轻浇水，建小拱棚，上覆膜，确保苗床内高温高湿，以尽可能使苗出全。

（3）苗期管理：播种之后，白天将苗床温度控制在 25～28℃，晚上在 15～18℃，超过 80%试管薯出苗后，白天开始通风，先从背风一侧的苗床中央通小风，然后逐渐过渡到在两侧通大风。为了培育壮苗，要少浇水、轻浇水，见干见湿地浇，在苗高 5～6cm，有 4～5 个叶片时准备定植。定植前3～4d 揭掉薄膜炼苗，以便其植后可以适应网室环境，快速生长。

3. 网室移栽定植

（1）移栽定植：通常在晚霜后的 5 月中下旬，地温有 6～8℃就能移栽定植。将尼龙纱网铺在整平的土地上，在纱网上铺厚为 7～8cm 的营养基质，将水浇透，定植行距为 20～25cm，株距为 10～15cm，将苗压实、轻度浇水，因为蛭石有较大的孔隙，水蒸发得快，因此在苗还没有成活的时候，晴天 10：30至 15：00 应挂遮阳网，以降温保湿，提高移栽成活率。

（2）管理：苗刚成活的时候很弱小，应当细心护理，调节温湿度，定时清除杂草，促进其生长发育，苗不断长高后，要分次培土（蛭石），每次培土埋 1~2 个节间，总共培 3~4 次，使结薯层次得到增加。依据苗情适量追肥，地下块茎在 6 月下旬开始膨大，每过 7~10d 施 1 次肥，可用 0.5%的磷酸二氢钾和 1.5%尿素溶液进行叶面喷施 4~5 次，来满足植株的需肥量，避免植株早衰。

4. 化学调控

植株在 7 月上旬生长很快，这时可以施用多效唑防止植株徒长，每亩用 15%多效唑可湿性粉剂 60g 对 65kg 水喷洒叶片，控制地上植株茎叶的生长，使地上部分的光合产物迅速朝地下块茎转移，以使块茎膨大，增加产量。

5. 防治病虫害

在移栽成活后的 20 多天，应当防止发生早、晚疫病和粉虱类害虫、蚜虫，一旦发现有中心病株，要立刻拔除并放进塑料袋带出网室进行深埋。

6. 适时收获

为了减少病毒侵害，提高使用价值，可以适时提前收获，收获期是茎叶开始泛黄时。在收获后，放在温度为 20℃、空气相对湿度为 60%~70%的环境中，5~7d 后，开始分级整理，装袋贮藏。

二、脱毒微型薯的工厂化生产

（一）生产设备

要在试管苗快速繁殖的基础上进行试管薯工厂化生产，除了要有试管苗生产设备外，还要加一间低温藏室、一间黑暗培养室。

（1）黑暗培养室：其大小根据试管薯的产量决定。年产约 50 万粒试管薯的工厂，通常用约 10m^2 的培养室就够了。室内要有空调和货物贮藏架，房顶安装照明用日光灯和检查时要用到的安全灯。培养室保持 16~20℃，保证通风透气，以便形成大薯。

（2）低温贮藏库：此库有 3m^2，里面放有多层藏架，还要配有用于存放试管薯的塑料保鲜盒，贮藏架和各层保鲜盒都要编号，以利于取试管薯时查找。

（二）试管薯生产工艺流程

对试管苗进行脱毒→筛选试管苗株系（将弱株系淘汰）→培养母株 25d（使用液体培养基）→换入诱导结薯培养基→诱导匍匐茎 2d（光照培养）→收集并贮藏→应用。

（三）工艺要点

（1）筛选试管苗：要挑选生长势好、薯块大且结薯时间早的茎尖无性系试管苗。

（2）培养健壮的试管苗：培养茎粗壮、根系发达、叶色浓绿的健壮试管苗，才能收获优质高产的试管薯。培养出健壮母株的基础是选择适合的壮苗培养基，将 0.15%~0.5%的活性炭加入培养基，可以使细弱的试管苗复壮，植物生长调节剂可促进形成壮苗。调整培养基的成分，可以促进形成健壮的试管苗。根据报道，将 1mg/L 多效唑、0.7mg/L 赤霉素和 0.2mg/L 6-苄基腺嘌呤加入 MS 培养基，可以得到健壮的马铃薯试管苗。

（3）试管薯母株培养：去掉有 1~2 个茎节的试管苗的顶芽，然后小心接种于液体培养基上，试管苗茎段浮在培养基表面静止培养，切勿振动培养基，以防培养液淹没茎段导致茎段窒息。过 3~4 周，每个茎段长成有 5~7 节的粗壮苗，此时，放到诱导结薯培养基中。培养母株要求培养室温度白天为23~

27℃，夜间为16~20℃，每天光照16h，光强度2 000lx。为了方便气体交换、形成壮苗，要选择透气性好的培养瓶瓶塞。每瓶100~250ml的培养瓶装15~25株。培养母株通常要25d。

（4）适合试管薯诱导的培养基：国际马铃薯中心建议使用的培养基是：MS+6-苄基腺嘌呤5mg/L+蔗糖8%+矮壮素500mg/L。其中试管薯诱导过程中必不可少的条件是高浓度的蔗糖（6%~10%），因为蔗糖可以调节渗透压，还能提供足量的形成块茎时需要的碳源。

（5）诱导结薯培养：在超净工作台上去除壮苗的培养基，然后换入试管薯诱导培养基，为促使形成匍匐茎，在光照条件下培养2d，然后转到黑暗环境中培养诱导结薯。经过3~4d，试管内开始形成试管薯。黑暗培养温度为16~20℃，要保证暗室的空气流通，使块茎发育。

（四）防治病虫害

生产微型薯的时候容易出现晚疫病，其高发期是阴雨天气，可用瑞毒霉药剂进行预防。

为防止蚜虫进入，每隔固定时间喷1次抗蚜威溶液，也可用40%乐果乳剂2 000倍稀释液喷雾防治蚜虫。

（五）及时收获

马铃薯种苗在扦插苗生长45~60d之后进入生育后期，这时种苗发黄，营养生长变慢，因此停止供应营养液和水分，以使薯皮老化，待茎叶变黄时就能收获。收获时先拔起植株，摘下微型薯，而后筛掉苗床中的基质，收获所有薯块。每次每平方米可以收400~500粒。一年可生产4~5批，共收1 600~2 000粒微型薯，每亩年产80万~100万粒。

（六）贮藏及催芽

新收微型薯含较多水分，要在阴凉处晾干，按照10g以上、5~10g、1~5g 和 1g 以下分为 4 个级别，装到布袋、尼龙袋等透气的容器中，分别贮藏。

微型薯在收获后进入休眠状态。其休眠时间因品种不同而不同，通常为 110d。如果在贮藏期发现微型薯萌芽，应从容器中将微型薯取出，在室内摊开，用散射光控制芽徒长。在贮藏过程中，为了让微型薯均匀受光，要进行几次倒翻。也可以在 4℃的环境中贮藏微型薯，在种植前 1~2 个月取出来，在室温下使其萌芽。用低浓度的赤霉素溶液处理微型薯，可以打破其休眠。可以用 10~20mg/L 的赤霉素浸泡新收微型薯5~10min，可以加速微型薯的发芽。

第五节　种薯的脱毒繁育

一、各级脱毒种薯的生产

各级种薯生产的基础就是脱毒苗。脱毒苗已经脱尽所有病毒，在脱毒种薯继代扩繁时，应当通过有效途径，防止病毒的再次侵染。

(一) 脱毒原原种生产

在气温相对较低的地方建防虫网棚或温室，繁殖材料用脱毒苗和微型种薯，来生产脱毒原原种。生产过程中要去劣、去杂、去病株。此条件下生产的块茎称作脱毒原原种，按照代数应成为当代。

(二) 脱毒原种生产

在海拔高、纬度高、温度低和风速大的地区，与毒源作物有一定距离作为隔离区，减少一些传毒媒介，另外因为风速大而无法使传毒媒介落下，与此同时要按时喷杀虫剂。将原原种作为繁殖材料，必须完全去杂、去劣、去病株。如此生产的块茎，称作脱毒原种，按代数算是一代。原原种、原种称为基础种薯。

（三）脱毒一级种薯生产

在纬度和海拔相对高、气候较冷、风速较大和传毒媒介少、与毒源作物有隔离条件的地方，用原种作为繁殖材料，生产种薯。在生长季节打药防蚜，去杂、去劣、去病株。如此生产的块茎称作脱毒一级种薯，依照代数算就是二代。

（四）脱毒二级、三级种薯生产

在地势较高、气候冷凉、风速较大、有一定隔离条件的地块，将脱毒一级种薯或二级种薯作为繁殖材料，生产种薯。生产过程中应当尽快灭蚜，去劣、去杂、去病株。如此生产的块茎，叫作脱毒二级种薯或脱毒三级种薯，依照代数算应当分别是三代和四代。以上 3 个级别的种薯分别是合格种薯、二级种薯和三级种薯，能直接生产大田品种，生产的块茎不可以作为种薯应用。

现在，因为组织培养需要的设备、设施及药品的价格昂贵，使用试管苗剪顶扦插在基质中快速繁殖微型薯原原种，虽然能节约成本，但如果要直接投入生产中，农民依然无法承受。另外，由于生产需要大量种薯，必须用微型薯原原种，在防止病毒和其他病原菌再侵染的条件下，建立良种繁育系统，为生产供应健康种薯。

二、脱毒原种的繁育

（一）选择原种生产田

要选择纬度高、海拔高、气候冷凉、风速大、交通便利、具备良好防虫防病隔离条件且便于调种的地区作为原种繁殖基地。在没有隔离设施的条件下，原种生产田和其他级别的马铃薯、十字花科及茄科、桃园之间应保持至少 5 000m 的距离。如果原种田隔离条件较差，要将种薯田设在其他寄主作物的上风头，尽最大能力减少有翅蚜虫在种薯田降落的机会。

要选择土壤松软、肥力优良且排水良好的地块作为原种田。原种田最好 3 年以上未种植过茄科作物。

（二）播种

因为微型薯顶土力弱，所以播种之前要精细整地，深耕细耙，打碎土块。播种前人工造墒，以保证耕层土壤在播种到出苗期间有适量水分。在播种完后浇小水也可以。在播种深度上，通常依据的原则是：秋作宜浅不宜深，春作宜深不宜浅；沙土宜深不宜浅，黏土宜浅不宜深；水浇地宜浅不宜深，旱地宜深不宜浅。播种的时候开沟要深，覆土要浅。开沟深度为 10~13cm。覆土厚度根据微型薯大小来定，通常情况下，重量低于 3g 的微型薯，其覆土厚度不要多于 5cm；重量在 3~10g 的微型薯，其覆土厚度为 6~8cm；重量大于 10g 的微型薯，其覆土厚度为 11~12cm。种薯生产宜通过增加种植密度来增加结薯数，提高繁殖系数。

（三）田间管理

在大田种植时，因为微型薯种薯的营养体不大，前期生长慢，生长中期接近正常，后期结薯可达到大种薯的产量。所以要加强前期管理，做到早除草、早中耕、早培土，从苗期至现蕾期完成 2 次中耕培土，促使形成块茎，防止产生空心薯和畸形薯。要早追肥，全部磷肥用作种肥或底肥，苗期、花期和后期均以钾、氮肥为主。合理适时灌水，将田间土壤持水量保持在 65%~75%，促使长成壮苗；从开花至收获，完成 2~3 次拔除杂株、病株和可疑株（包含地下株）的工作。

通常原种田从出苗后3~4周就开始喷杀菌剂，每周1次，直到收获。同时，要依据实际情况喷施杀虫剂来预防蚜虫、其他地上或地下害虫。害虫不但会影响马铃薯的植株生长，还能传播病毒，降低种薯质量，相比而言，后者的危害更大。

一季作区在进行原种繁殖时，要尽可能早种早收。覆膜早播和播种前催芽等早熟栽培方法能够促进植株及早形成成龄抗性，减少病毒感染，降低体内病毒的运转速度。使用灭秧方法早收留种能降低病毒转移到块茎的可能性。国内外研究结果显示，通常认为有翅蚜虫在迁飞后10~15d灭秧，可以有效阻止蚜虫所传播的病毒向块茎中转移。中原二作区使用网纱隔离或早春阳畦繁殖，都能防止蚜虫迁飞和传毒，极大提高种薯的质量。

三、脱毒良种的繁育

良种来自于原种。良种繁育要注意以下方面。

（1）做好时间隔离工作，使用种薯催芽、覆盖地膜等措施，以便早出苗、早结薯、早收获，另外还能提前割秧，防止蚜虫为害。

（2）做好空间隔离工作，繁种基地要选择适合、绝对安全的。通常种薯基地应当和茄科作物之间设置距离超过800m的隔离带。

（3）2年进行1次轮作。

（4）种植密度要增大，种薯繁育应当在单位面积上收获的薯块量大，而不是每一块重量大，适宜种植密度为5 000~6 000株/亩。

（5）提倡播种小种薯，这样刀切对病毒交叉感染的现象就能得到缓解。如果切块播种，薯块的重量要超过30g，而且还要用药剂拌种，通常可用药剂有甲基托布津、滑石粉。

(6) 尽快拔除病株，使病毒的侵染源变少。

(7) 病虫害的防治方法和原种的一样。

四、种薯生产的检验与分级

保证脱毒马铃薯质量的一项基本措施就是种薯的检验与分级。种薯分级的基础就是种薯检验。种薯的分级有固定的标准，与哪一标准相符，就属于哪个级别。

(一) 种薯生产的检验

生产马铃薯种薯时的检查、检验可以保证种薯质量，主要包括以下 3 个方面。

(1) 检验种薯生产地块：质检部门在生产种薯工作还未开始时，要检验播种地块的病虫害情况。主要检验的病虫害包括癌肿病、环腐病、萎蔫病、胞囊线虫以及甲虫等。只要存在一种病害，就不能用来种植种薯。另外，不可和茄科作物套作、间作或轮作，适宜前作多年生牧草、冬小麦、豆类——谷类混播等。

(2) 种薯生育期间的田间检验：通常目测是否有蚜虫和植株的地上部位感染病毒的情况。依据各级种薯的成熟期决定何时进行田间检验。种薯的级别不同，检验次数也不同，级别高的检验次数就多。通常最少检验 2 次，第一次是植株有 6~8 片叶时，假如种薯有毒，病毒症状在这个时候能表现出来，因此能检查出种薯的优劣。第二次检查在花期，调查各地块病毒的种类、感染病毒的株数和感病程度，还要算出病情指数。是否按种薯繁殖操作规程生产种薯同样属于田间检验的范畴。

(3) 室内的病毒鉴定和块茎抽查：最常用的是用酶联免疫法检验脱毒试管苗、从田间采集的原原种和原种、易感病毒病和良种的样品以及没有按照要求提早灭秧的各级种薯。

（二）分级标准

收获各级种薯后，还要抽样检验块茎的质量，检验块茎的品种纯度、病虫害率、块茎的机械性、生理伤害性和含有多少杂质。把这个作为依据，来确定各级种薯的质量、等级。检验质量把关要严格，保证脱毒种薯的质量。

第六章　马铃薯加工技术

第一节　马铃薯淀粉加工技术

马铃薯淀粉是从马铃薯块茎中提取的淀粉，也是重要的植物淀粉，属于优质淀粉，它的生产量和商品量仅次于玉米淀粉，在所有植物淀粉中居第二位。它具有高黏性，能调制出高稠度的糊液，进一步加热和搅拌后黏度快速降低，能生产透明柔软的薄膜，具有黏合力强、糊化温度低的特点。其次，马铃薯淀粉的口味相当温和，不具有玉米、小麦淀粉那样典型的谷物味，即使风味敏感型产品也可使用。目前，我国的马铃薯淀粉加工业处于发展阶段，以马铃薯淀粉为原料的加工生产量和商品量在不断增加，同时马铃薯淀粉的利用也必将趋于专用化，具有良好的市场前景。

一、工艺流程

原料→清洗→粉碎磨浆→浆渣→薯渣→分离→沉淀→干燥→成品→包装。

二、操作要点

（1）原料选择：生产淀粉要求马铃薯块茎完整，无发芽腐烂部分；块茎的最大断面直径要求大于 30 mm；块茎淀粉含量要高，大于 15%。

（2）清洗和去杂：将马铃薯原料清洗干净，通过去杂处理，将原料中的砂石、金属和其他杂质如木块、杂草等去除。

（3）粉碎：粉碎的目的是尽可能地使马铃薯块茎细胞破碎，从而释放淀粉颗粒，以便将淀粉和其他成分分离。清洗后的马铃薯放入磨碎机，边加入边磨碎，将原料彻底破碎后成为马铃薯浆。

（4）薯渣分离：将马铃薯浆分别用粗、细筛过筛，将薯渣和淀粉乳分离。

（5）沉淀：将淀粉乳放入沉淀槽内，充分搅拌均匀，然后静止 5h 以上，使淀粉能够沉淀于槽的底部，除去上清液后即为马铃薯淀粉。若第一次分离的淀粉杂质较多，则需要进行清洗，即在洗涤槽中，加水搅拌，再静止数小时，除去上清液，如此重复以上步骤 3~4 次，即可获得较为纯净的淀粉。

（6）干燥：将淀粉块切成小片，然后放在竹筛上，在室外晾晒，直到淀粉块一触即破为止，即可包装。

第二节　马铃薯面食品加工技术

目前，中国马铃薯种植面积和产量均位居世界首位，约占全球的 1/4。马铃薯具有热量较低、营养全面、蛋白中含有多种人体必需氨基酸、膳食纤维含量高等特点，其营养成分能够适应现代居民对消费的新需求、新期待。随着我国“马铃薯主粮化战略”的提出，马铃薯有望作为我国三大主粮的补充，成为继大米、小麦、玉米之后的第四大主粮作物，实现其由副食消费向主食消费的转变。

马铃薯面食主要是以马铃薯全粉与小麦粉或大米粉按照一定的比例加工制成的产品。一类是居民“一日三餐”的主食产品，主要是以小麦面粉、稻米米粉等与马铃薯全粉、生粉、湿粉等不同比例混配，加工形成的马铃薯馒头、面条、米线等；另一类是居民“即时即食”的休闲及功能型产品，如小麦面粉、稻米米粉等与马铃薯泥、全粉不同比例混配，再添加蛋类或肉类等材料，研发出蛋糕、面包、饼干、月饼以及猪肉饼等多种产品等。通过集中研发传统大众型、地域特色型和休闲功能型产品，为马铃薯面食类产品奠定坚实的基础，供居民长期使用。

一、马铃薯主食类

（一）马铃薯面条

面条是人们日常生活中的主要食品，在我国北部、中部以及西南的食品结构中占有重要的地位。随着人们生活水平的提高，消费观念也在发生变化，消费者更加注重保健性、功能性和营养性的食品。马铃薯营养成分丰富，含多糖、维生素、矿物质等营养物质，是一种不可或缺的食品原料。利用马铃薯为原料加工制成的面条，不仅清香可口，适合各个年龄段人群，而且原料来源丰富，价格低廉，工艺也比较简单，是一种新型营养面食。马铃薯面条的加工生产也符合我国马铃薯由副食消费向主食消费转变、由原料产品向产业化系列制成品转变。

1. 工艺流程

（1）薯泥的制作工艺：

马铃薯→清洗→蒸煮→自然冷却→去皮→称重→马铃薯泥冷藏备用。

（2）马铃薯面条的制作工艺：

马铃薯泥、面粉、谷朊粉、食用碱、食盐→复配→称重→和面→醒发→压延→切条、切断→保鲜包装（速冻或干燥包装）→成品面条。

2. 操作要点

(1) 马铃薯预处理：挑选新鲜、无病害的马铃薯原料，用清水冲洗表面的泥土，沥干水分，称重备用。

(2) 蒸煮：将处理过的马铃薯放入锅内，加水蒸煮30~60min。

(3) 打浆：经过蒸煮的马铃薯冷却去皮后称重，然后制成马铃薯泥，冷藏备用。

(4) 和面：马铃薯泥和面粉以一定的比例混合，加入2.1%谷朊粉、0.45%食盐、0.064%食用碱。和面搅拌成面絮，手握时成团、松开后散开即可（面团感官上要求干潮适当），面絮颗粒直径约在5mm。在马铃薯面条制作过程中，食用盐和食用碱都是常添加的辅料物质：食用盐溶于水后主要以钠、氯离子形式存在，两种离子会分布在面团中的面筋蛋白质周围，增加其吸水性能，使面筋蛋白形成稳定的面筋网络结构；而食用碱能改善面条的颜色和口感，两者都能增加面条的韧性和弹性，在烹煮时降低面条的断条率和损失率。

(5) 压延：将和面处理后的面团用电动压面机压延成面带，面带表面要求均匀光滑。

(6) 切面：将面带用切刀均匀切成宽10mm、厚0.5mm的长面条。

(7) 保鲜包装：将马铃薯面条速冻或干制，从而利于产品的储藏和销售。

(二) 马铃薯馒头

马铃薯馒头是将马铃薯薯泥与小麦粉混合制成的产品。其产品不仅外观较好、不粘牙、韧性和口感适宜，而且具有抗氧化、抗衰老的功能。马铃薯营养全面，通过实现马铃薯主食化的项目，来改善居民膳食营养，而马铃薯馒头作为最主要的主食开发形式之一，符合中国国民食用特点的主食食品。

1. 工艺流程

马铃薯清洗→去皮制泥→和面→压面成型→醒发→蒸煮→冷却→成品。

2. 操作要点

（1）预处理：将马铃薯洗净去皮后浸入水中防止发生褐变，切成1~1.5 cm厚的薄片，并将其蒸熟，蒸煮时间为30~40min；将蒸熟的马铃薯制成薯泥。

（2）和面：将小麦粉、马铃薯薯泥、糖、盐、酵母与水搅拌均匀，和面采用和面机进行，其转速为200r/min、时间为20min。

（3）压面成型：将和好的面团在压面机上对折挤压8~12次，压面成型，直至表面光滑，并揉搓成型后进行分割。

（4）醒发：将成型的馒头在发酵箱中进行发酵，发酵温度35~45℃，湿度为70%，醒发时间为30~40min，获得发酵好的面团。

（5）蒸煮：发酵好的面团在蒸锅中蒸熟，蒸煮时间为20~30min，冷却后即得馒头成品。

（三）马铃薯方便面

1. 工艺流程

马铃薯全粉→和面→压延→蒸煮→冷却→成品。

2. 操作要点

（1）全粉的制作：选择优质马铃薯用清水洗净去皮，然后用盐水浸泡。浸泡好以后，切成薄片，并加入护色液对马铃薯进行颜色保护。接着把马铃薯蒸煮，捣烂成泥，再进行干燥，使之成为马铃薯全粉。

（2）和面：将面粉和马铃薯全粉按照35∶65比例充分混合均匀后，添加剂为食盐2%、谷朊粉5%、复合磷酸盐0.3%、食用碱0.15%、褐藻酸钠0.3%，加入调配好的添加剂浆液适量，搅拌成面絮，使面絮颗粒直径约为5mm，进行密封，在30℃下静置20min。

（3）压延：熟化后的面絮，用电动压面机，先在1mm轨距处压延1次，然后将面折叠成3层或4层后，在3.5mm轨距下再反复压延6~7次，重复上述步骤，最后用刀切成2mm宽、0.7mm厚的长面条。

（4）蒸煮：接着在常压下蒸熟，蒸煮时间为4~5min，糊化程度为8.5%以上，再放在70~80℃的热风干燥箱中进行干燥。

（5）成品：最后通过冷却和包装，制成马铃薯方便面产品。

二、马铃薯糕点类

（一）马铃薯全粉面包

马铃薯全粉面包是指将5%~15%的马铃薯全粉掺入面粉制成面包产品。在面包制作过程中添加一定量的马铃薯全粉可以有效改善面包的烘焙品质，因为面包品质与面粉中面筋蛋白的含量有很大关系，它加快了酵母的活化速度，增加了面团涨发力，改善了加工工艺性能，增加了面包体积、白度及含水量，口感柔软，延长了保鲜期。

1. 工艺流程

原料、配料→调制→静置→整形→发酵→醒发→烘烤→冷却→成品。

2. 操作要点

（1）调制：在干酵母中加少量温水，于35℃下活化15～20min；白砂糖、食盐先用热水溶解；15%的马铃薯全粉和面粉过筛；鸡蛋打散。将固态物料加入搅拌机，缓慢搅拌，然后加入酵母、鸡蛋、白糖、食盐等液体物料，快速搅拌。待面筋初步形成后，最后再拌入起酥油，揉面15～20min，此时面团细腻、延展性较好。

（2）静置：面团放入醒发箱，于27℃、相对湿度为75%的条件下静置。温度过低，则发酵慢，保气能力变差，组织粗糙；温度过高，易生杂菌，发酸，风味不佳，面团颜色深。

（3）整形：利用手工或活塞式分割机将发酵好的面团坯切割、成型，揉成面包形状。

（4）发酵：把面坯放入烘箱，保持温度32～38℃，并在箱内放置热水，相对湿度保持在85%，通常发酵时间为1h左右。若温度过高，则引起面团温度不均匀，产生的蜂窝不匀，使产品香味恶化，不利于保存；若温度过低，发酵时间需要延长，可能导致蜂窝粗糙；若湿度过低，面团表面则形成一层皮，妨碍面团膨胀，使面团体积小，产生裂纹；若湿度过高，将导致水分凝结，造成产品水泡。因此，需要掌握成熟的工艺条件，严格发酵的温度和湿度。

（5）烘烤：烘烤要注意上下火的温度，开始的时候上火要低、下火高，这样有利于面包的膨胀。整个过程如下：开始时上火120℃、下火190℃，时间6min，然后将上火加到200℃，上色后烘烤1～2min。

（6）冷却和包装：将冷却后的面包包装，即为成品。

（二）马铃薯保健面包

1. 原料配方

高筋面粉 100kg，绵白糖 20kg，黄奶油 20kg，鸡蛋 20kg，马铃薯 15kg，酵母 1.5kg，面包添加剂 0.3kg，水 40L，精盐 2kg。

2. 工艺流程

原料选择→原辅料预处理→面团调制→发酵→压面→分割、搓圆→静置→成型→醒发→烘烤→出炉→冷却→包装→成品。

3. 操作要点

（1）原料选择：注意选用优质、无杂、无虫、合乎等级要求的原辅料。

（2）马铃薯液的制备：将马铃薯利用清水清洗干净，然后煮熟去皮，研成马铃薯泥（煮马铃薯的水留下备用），取马铃薯泥、煮马铃薯水配制成一定浓度的马铃薯溶液，备用。

（3）原辅料预处理：将面粉过筛，备用；酵母、面包添加剂、白糖、精盐分别用温水溶化备用；鸡蛋打散备用。

（4）面团调制：先将面粉倒入食品搅拌机内，进行慢速搅拌，再加入马铃薯溶液、鸡蛋及酵母、面包添加剂、白糖、精盐的溶解液，之后，进行快速搅拌，待面筋初步形成后，加入黄奶油搅拌均匀。

（5）发酵：发酵的理想条件是温度 27℃，相对湿度 75%。温度过低，则发酵慢，保气能力变差，组织粗糙，表皮厚，易起泡；温度过高，则易生杂菌，发酸，风味不佳，颗粒大，表皮颜色深。

（6）压面：压面是利用机械压力使面团组织重排、面筋重组的过程，以使面团结构均匀一致，气体排放彻底，弹性和延伸性达到最佳，更柔软，易于操作。制成后的成品组织细腻，颗粒小，气孔细，表皮光滑，颜色均匀。若压面不足，则面包表皮不光滑，有斑点，组织粗糙，气孔大；若压面过度，则面筋损伤断裂，面团发黏，不易成型，面包体积小。

（7）分割、成型：分割、成型工序坚持一个字："快"，以减少水分散失，并使室温适中。应注意的一点是分割后的小面团要进行称量，以保证最终面包的质量。

（8）醒发：将成型好的面包坯放入烤盘中，一起送入提前调好的温度为38℃、相对湿度为85%的面包醒发箱中，醒发1h左右。若醒发温度过高，则水分蒸发太快，造成表面结皮；温度过低，则醒发时间长，内部颗粒大，入炉时面团下陷。湿度过高，则表皮起泡，颜色深；湿度过低，则表皮厚，颜色浅，体积小。

（9）烘烤：将醒发好的面包坯放入提前预热好的面火为190℃、底火为230℃的烤箱中进行烘烤，烤至表面焦黄色时出炉。若烘烤温度过高，则面包表皮形成过早，限制了面团膨胀，体积小，表皮易起泡，烘烤不均匀（外熟内生）；温度过低，则表皮厚，颜色浅，内部组织粗糙，颗粒大。

（10）冷却：烘烤结束后将面包出炉，趁热在表面刷上一层植物油，然后进行冷却，产品经过冷却、包装，即为成品。

第三节　马铃薯休闲产品加工技术

随着食品工业科学技术的进步，休闲食品越来越受消费者的欢迎，销售市场非常广阔。我国马铃薯资源丰富，利用马铃薯制作休闲食品，不仅生产周期短，而且生产成本低，获得的经济效益高。

一、油炸马铃薯片

油炸马铃薯薯片又名油炸马铃薯片，经过清洗、去皮、切片、漂烫、油炸和调味等工序而制成的产品，其松脆可口、口味多样、食用方便，是一种非常受欢迎的马铃薯食品。早在1995年，北美生产的10%马铃薯已用于炸片的生产，而近年来，受西方饮食文化的影响，马铃薯炸片的需求量和消费量也在日益迅速增加。从产值上来说，油炸马铃薯片比鲜薯的价值增加近5~6倍，是一个利润比较高的行业。

（一）工艺流程

马铃薯→清洗→去皮→切片→漂洗→漂烫→脱水→油炸→脱油→调味→冷却→包装。

（二）操作要点

（1）原料处理：选择形状整齐、大小均一、皮薄芽浅、比重大、淀粉含量高的马铃薯品种做原料。另外，需注意的是在原料投入生产之前首先对其成分进行测定，主要检测还原糖的含量，最好是还原糖含量低于0.2%，如果含量高于0.3%则不宜用于加工，需储藏放置，直到糖分达到标准才可使用。

（2）清洗和去皮：用滚笼式清洗机去除表面泥土，然后采用机械摩擦去皮法，一般一次投料30~40kg，去皮时间在3~8min。要求马铃薯外皮除尽，外表光洁，并且去皮时间不宜过长，以免损失原料。

（3）切片：将原料以均匀的速度送入离心式切片机，将马铃薯切成薄片，厚度控制在1.1~1.5mm。尽量使薄片的厚度和尺寸保持一致，表面要求光滑，否则影响油炸后薯片的颜色和含水量，如太厚导致薯片不能炸透。切片机的刀片必须锋利，因为钝刀将会损坏马铃薯表面细胞，从而在漂洗过程中造成干物质的损失。

(4) 漂洗：切好的薯片需立即漂洗，否则在空气中易发生褐变。将薯片投入98℃的热水中处理2~3min，以除去表面淀粉和可溶性物质，防止油炸时切片相互粘连，或淀粉浸入食油影响油的质量。

(5) 漂烫：在80~85℃的热水中漂烫2~3min，热处理的作用主要有以下两点：一是在淀粉的α-熟化过程，防止油温逐渐变热，切片后淀粉糊化形成胶体隔离层，影响内部组织脱水，降低脱水速率；二是破坏酶的活性，稳定薯片色泽。经热处理的脆片硬度小，口感好。

(6) 脱水：去除薯片表面的水分，热风的温度50~60℃。薯片尽量晾干，因为薯片内部表面的水分越少，油炸所需要的时间越短，产品的含油量就越少。

(7) 油炸：脱水后的薯片可直接输送到油炸锅，油温185~190℃，油炸120~181s，使薯片达到要求的品质。油炸所用的油脂必须是精炼油脂，如精炼玉米油、花生油、米糠油、菜籽油、棕榈油等，要求不易被氧化酸败的高稳定油脂。在油炸过程中，温度越高，薯片含油量越少。

(8) 脱油：油炸薯片是高油分食品，在保证产品质量的前提下，应尽量降低含油率。将炸后的薯片放入离心机中，转速1 200r/min，离心6min，去除表面余油。

(9) 调味：将油炸后的薯片通过调味剂着味后，可制成多种不同风味的产品。我国目前调味料主要有麻辣味、烧烤味、番茄味、五香牛肉味等，一般调味料的添加量控制在1.5%~2%。

(10) 冷却和包装：薯片冷却到室温后，将薯片称重包装。为保持薯片的风味、口感，以及延长产品的保存时间，一般采用真空充氮或普通充气包装。

二、低脂油炸薯片

低脂油炸薯片具有低脂肪、低热量、富含膳食纤维，保持了马铃薯本身的营养组分，口感和风味良好，获得广大消费者的青睐。

（一）工艺流程

马铃薯→清洗→去皮→切片→护色液浸泡→漂洗→离心脱水→混合→涂抹→微波烘烤→调味→包装→成品。

（二）操作要点

（1）原料配比：新鲜马铃薯 96.5%，大豆蛋白粉 1%，$NaHCO_3$ 比例 0.25%，植物油 2%，调味品及香料适量。

（2）去皮：采用碱液去皮法，去皮后检查薯块，除去不合格薯块，并修整已去皮的薯块。

（3）切片：切成厚度均匀为 1.8~2.2mm 的薯片。切好的薯片用 1%的食盐渍一下，时间 3~5min，可除去 10%的水分。

（4）护色液浸泡：用 0.045%的偏重亚硫酸钠和 0.1%的柠檬酸配成护色液，浸泡薯片 30min，可抑制酶褐变和非酶褐变。浸泡时间若长达 2~4h，也可使薯片漂白。

（5）离心脱水：用清水冲洗浸泡后的薯片至口尝无咸味即可。然后将薯片在离心机内离心 1~2min，脱除薯片表面的水分。

（6）混合和涂抹：将离心脱水的薯片置于一个便于拌合的容器内，按薯片质量计，加入脱腥的大豆蛋白粉 1%、$NaHCO_3$ 0.25%，植物油 2%（人造奶油或色拉油），然后充分拌合，使薯片涂抹均匀，静置 10min 后烘烤。

（7）微波烘烤：用特制的烘盘单层摆放薯片，然后放在传送带上进行微波烘烤，速度可任意调控，受热 3~4min，再进入热风段，除去游离水分 3~4min 后进入下一段微波烘烤，整个过程约 10min。

（8）调味：直接将调味品和香料细粉撒拌薯片上混匀，也可直接将食用香精喷涂在热的薯片上，调味后立即包装。

第四节　马铃薯调味品加工技术

一、马铃薯液体调味品

调味品是中国烹饪饮食中重要的辅助配料之一，让食物产生色、香、味，赋予食品独特的香味和口感。马铃薯调味品主要包括食醋、酱油、味精、大酱等产品，是利用马铃薯代替淀粉通过微生物酿造而制成的。

（一）马铃薯食醋

中国传统的食醋是以大米、糯米、高粱或小米等粮食为原料，经过蒸煮、液化和糖化，使淀粉转变为糖，加入微生物利用糖发酵生成乙醇，最后在醋酸菌的作用下将乙醇转化为醋酸。马铃薯食醋是以马铃薯为原料，经发酵而制成液态的食醋产品。其产品特点是营养价值高，其中钾的含量比米醋多 30 多倍，17 种氨基酸的总量比米醋多 1 倍多，其中赖氨酸、缬氨酸和苯基丙氨酸的含量则要多 2~3 倍，因此马铃薯食醋更有利于人体健康，并已实现规模化、工业化生产。

1. 工艺流程

原料→预处理→发酵→拌醋→熏醋→淋醋→成品。

2. 操作要点

（1）原料的选择：选择新鲜的马铃薯 100kg，大小不限，去除发芽、腐烂和绿变等部分。

(2) 原料的预处理：先将马铃薯用自来水浸泡后洗涤干净、沥干。然后用粉碎机将其粉碎，以扩大物料与酶的接触面积，再加适量水制成浆液状。最后将马铃薯浆液进行蒸煮，即使马铃薯淀粉易于后期糖化，又能杀灭物料表面残留的微生物，达到杀菌的目的，减少酿造过程中杂菌的污染。

(3) 发酵：将蒸煮过的马铃薯浆装入发酵瓮中，当距离瓮口 20cm 时，在上面掺入煮成糊状的 5kg 高粱，再加入发酵用食醋的曲种，不断搅拌均匀，然后在 25℃ 的温度下进行发酵，时间为 14d 左右。当发酵瓮中冒气泡，嗅到有醋酸味时，即发酵成功。

(4) 拌醋：将新容器清洗干净后，在容器底部加入 8kg 左右的米糠或高粱壳，再加入发酵后的马铃薯醋料，用工具搅拌均匀，使物料相互摩擦。将搅拌后的醋坯放在 25~30℃ 的室内，保持每天搅拌均匀。到第 14 天，当醋坯的颜色变为红色，并有很香的醋酸味，且能反复品尝出很浓的醋酸味时，说明拌醋已经成熟。

(5) 熏醋：制作熏缸，将拌好成熟的醋坯装入熏缸中，熏制 3~4h，把熏坯熏成酱红色时，便可以进行淋制食用醋。

(6) 淋醋：把熏好的醋坯装入下部有淋出口的瓷缸中，底部再置一接醋缸。淋醋缸的底下可以垫些过滤物，如豆秸之类的材料，然后将醋坯装好，用烧开的沸腾水加入淋缸中反复淋出醋液，这样淋出的即为食用醋。一般 100kg 的马铃薯料加入 100kg 水能淋出 100kg 食用醋。当醋坯淋到由红变黄、色浅味淡，尝到寡而无味时，就可以停淋。淋完醋的坯可以作饲料，用来喂猪或牛，把各次淋出的醋均匀混合在一起即为醋液。

(7) 装瓶杀菌：装瓶后进行杀菌，杀菌的温度为 80~90℃，可根据生产需要另外添加 0.1%~0.15%苯甲酸钠，用作防腐剂。

(二) 马铃薯酱油

酱油是中国传统的调味品，主要是以豆、麦、麸皮为原料酿造的液体调味品。色泽红褐色，有独特酱香味，滋味鲜美，有助于促进食欲。而用马铃薯制得的酱油，色泽较深，产品自身有清香味，其生产成本比大豆或粮食低，值得推广。

1. 薯干制酱油

(1) 工艺流程：

制曲→制酱醅→发酵→分离→调配→成品。

(2) 操作要点：

①制曲。取 15kg 麦麸蒸熟，加入 60~80ml 米曲霉，充分拌匀后平摊于曲盘内，保持温度 25~30℃，经 3~4d 即成曲。

②制酱醅。取 50kg 薯干，在蒸笼中蒸 2h 后揭开笼盖，均匀洒上清水至薯干湿润，再盖上笼盖继续蒸 1h。然后将其倒在竹席上，摊平 4~5cm 厚，当温度降至 40℃左右时，加入曲，再加入麦麸 10kg、豆饼 10kg，混合均匀，摊平约 4cm 厚；夏季放 4d，冬季放 6~7d，即成酱醅。

③发酵。将酱醅捣碎成粉末状，装入布袋及麻袋中发酵。当发酵湿度达 50℃时，加入相当于酱醅重 50%的 70℃热水，搅拌均匀，分几个缸盛装，并在上面撒一层 1~2cm 厚的食盐，放进 70℃左右的温室中保温，经 24h 后，再加入 1.6 倍于酱醅重的 14%的盐水；拌和均匀，仍放入 70℃的温室中保温，经过 2d 左右，发酵即告完成。

④分离、调配。发酵成熟后，可用虹吸法抽吸上层液体，使其与渣滓分离，渣滓可作饲料用。由于这种液体颜色很浅，可加入 0.07%左右的酱色（或 7%左右的红糖），再加适量味精调配后，即成色、香、味俱佳的酱油。

2. 马铃薯薯粉制酱油

（1）工艺流程：

湿薯粉、麸皮→蒸煮→拌料→熬制→压滤→成品。

（2）操作要点：

①蒸煮。称取35kg湿薯粉和15kg麸皮拌匀，装入甑桶用大气蒸1～1.5h，至蒸熟蒸透。此时蒸出的料具有曲料特有的香气，疏松、不烂、无夹心、不粘手，捏之成团，触之即散。蒸煮的目的是使原料蛋白质完全适度变性；原料中淀粉充分糊化，以利于糖化；杀灭原料中的杂菌，减少制曲时的污染。

②拌料。将蒸过的粉料摊平开，晾凉至60℃，拌入25kg半成品曲种，入缸保温分解糖化2～3h。将缸口密封后，加热，将温度提高到95～100℃，连续保温分解4d，即可制得酱油醅料。

③熬制。取12.5kg食盐溶于25L开水并与醅料混合，加入3kg酱色及大料、小茴香、花椒等调味料，充分搅拌均匀，倾入大锅搅拌熬制1.2h。装入布袋，压滤，包装得酱油产品。

二、马铃薯固体调味品

（一）马铃薯味精

味精是食品菜肴中常用的调味料，其主要成分是谷氨酸钠，主要作用是增加食品的鲜味。一般是采用发酵法，即对菌株利用淀粉水解糖进行发酵来生产味精。马铃薯味精不同于传统的味精，它以马铃薯为主要原料作为淀粉的主要来源，其优点是替代了玉米淀粉，节约了成本，其产品值得进一步研发。

1. 工艺流程

原料→淀粉→调配→液化接菌种→糖化→脱色→结晶→成品。

2. 操作要点

（1）制取淀粉：选择块茎大、无腐烂、淀粉含量较高的马铃薯，洗净后放到粉碎机中打成泥状，按照1：1的比例加入适量的清水，搅拌均匀，然后用纱布过滤，为提高原料的利用率，未通过纱布的滤渣可再次粉碎，然后加入清水再压滤一次，静置20~24h，除去上层清液后，将下层淀粉经过压滤出去多余水分，烘干、粉碎后即为马铃薯粗淀粉。

（2）调配：将获得的马铃薯淀粉用清水制成淀粉乳，并不断搅拌加入 Na_2CO_3 或 $NaHCO_3$，调节淀粉乳的 pH 值到6.5~7。

（3）液化接菌种：将淀粉乳进行抽滤，除去粗糙物质等物质，然后在滤液中按照50kg干淀粉比例加入0.25kg谷氨酸发酵菌种，然后搅拌均匀。

（4）糖化：将上述液体搅拌30min后，加热到87℃，保持60min，当测出糖液的转化率达到95%以上，保温5min，进行灭酶。

（5）脱色和结晶：将上述糖液停止加热后，加入总液量1%的活性白土进行脱色，搅拌30min，静止2h，再抽滤，将滤液加热到75℃，再加入总液量3%的粉末活性炭，搅拌保温15min进行脱色，然后抽滤，最后将滤液减压浓缩至有白色晶体析出。此时降温到4℃，静置结晶12h后得到白色晶体，最后将晶体在75℃的温度下干燥，加入一定量的食盐即为味精成品。

（二）马铃薯大酱

大酱是微生物发酵而制成的酱制品，是我国传统的发酵调味品，具有浓郁的酱香和酯香，咸甜适口，可用于烹制各种菜肴。马铃薯大酱是以马铃薯渣为原料制取的大酱，产品质量与粮食制或豆类大酱相比，本品外观色泽黑亮，口味醇厚芳香，很有特色。

1. 工艺流程

淀粉渣、高粱面→蒸煮→分解→配制→熬制→成品。

2. 操作要点

（1）蒸煮：将40kg淀粉渣加水磨碎，滤取沉淀烘干。与10kg高粱面拌匀，装入木甑大气蒸煮1~1.5h，至蒸熟蒸透。

（2）分解：出锅摊晾至60℃拌入2.5kg小米制黄曲菌半成品曲种，入缸于60℃保温糖化分解2~3h。密封缸口，慢火加热至95~105℃保温约分解5d，得黄黑色大酱醅料。

（3）配制：把酱醅研磨至细腻状，加入30L开水拌匀，再加入10kg食盐、2.5kg酱色及生姜、小茴香、花椒等调味品，充分搅拌。加热至85%~89%保温搅拌1~1.5h，熬至一定浓度制得产品。

第五节 马铃薯饮品类加工技术

马铃薯饮品是以新鲜马铃薯及其副产品为原料，经过添加辅料、蒸煮、发酵等相关制作工艺，制成的一类液体状或膏状饮品。主要有马铃薯酒精饮品、马铃薯乳饮料、马铃薯果味饮料。

一、鲜马铃薯白酒

（一）原料及试剂

鲜马铃薯，酿酒酵母，α-淀粉酶。

（二）工艺流程

马铃薯→打浆→蒸煮糊化→调pH值→α-淀粉酶酶解液

化→调 pH 值→糖化酶糖化→调 pH 值→调整糖度→酵母→发酵 7d→蒸馏→陈酿。

（三）操作要点

（1）将马铃薯洗净、切片、蒸至无硬心，约 30min，按料水比 1∶2 的比例打浆，根据马铃薯中淀粉含量（采用旋光仪测定），待水浴锅温度升至 50℃，加入 0.02%无水氯化钙和 10μ/g 的 α-淀粉酶（按淀粉克数计），待温度升至 90℃，保温 70min。

（2）用柠檬酸调 pH 值至 4.0~4.5，按 150U/g 的量加入糖化酶，在 60℃下保温一定时间。

（3）酵母在添加前于 30℃下用水或马铃薯糖化液活化 30min，添加量为 0.2g/L。

（4）在发酵过程中，为了监测发酵温度和过程，每天在一个规定的时间来测定酒体温度、质量和糖度。

（5）发酵温度一般控制在 22~28℃，待糖度和质量近乎恒定时，即可判断为发酵结束。

（6）最后将发酵液在 90℃（微沸状态）进行蒸馏，加入橡木片陈酿 15d 后制得马铃薯蒸馏酒样品。

（7）如果马铃薯薯渣开始沉到下面、液面不再有气泡翻滚现象发生、能闻到酒的香味并且没有酸味，主发酵过程就结束了。

（8）将发酵结束的马铃薯发酵醪过滤，待过滤后，装入圆底烧瓶，开始加热，蒸馏。

二、马铃薯渣白酒

在马铃薯淀粉加工的过程中，通常会留下大量的薯渣，有的将其作为饲料喂猪或作为他用，造成很大的浪费。实际上，用鲜薯加工淀粉后，得到的薯渣中淀粉的含量仍然很高，淀粉的结构疏松，有利于蒸煮糊化。所以，用马铃薯薯渣酿酒，一般出酒率较高，从而使这一副产品得到充分利用。

（一）工艺流程

原料选择→制浆→蒸料→加酒曲→发酵→装甑→蒸馏→白酒。

（二）操作要点

（1）原料选择：马铃薯薯渣要求新鲜、洁净、干燥。有霉变、夹杂多的薯渣因带有大量杂菌，会导致酒醅污染，还会给成品酒带来杂味，所以，对薯渣要进行严格的筛选。另外，有黑斑病的鲜薯也应挑出来。酿酒前，将筛选好的马铃薯薯渣粉碎成末，储于清洁、干燥、通风的房屋内待用。

（2）制浆：在粉碎的马铃薯薯渣内加 85～90℃的热水，搅拌均匀，至薯渣足水而产生流浆，薯渣与水的质量比为 10：70。

（3）蒸料：在甑桶内蒸熟薯渣，大气蒸 80min 后，出甑加冷水，渣水质量比为 100：（26～28）。

（4）加酒曲：按渣曲质量比 100：（5～6）的比例将蒸熟的薯渣与酒曲充分混合均匀。

（5）发酵：入池前料温为 18～19℃，发酵周期为 4d，发酵过程中温度控制在 30～32℃。

（6）装甑：发酵结束后，取料出池，料温不得低于 25～26℃。利用簸箕将取出的料装入甑桶，操作时要注意：装甑要疏松，动作要轻快，上气要均匀，甑料不宜太厚且要平整，盖料要准确。

（7）蒸馏：装甑完毕后，插好馏酒管，盖上甑盖，盖内倒入水。甑桶蒸馏要做到缓气蒸馏，大气追尾。在蒸馏酒过程中，冷却水的温度大致控制如下：酒头在 30℃左右，酒身不超过 30℃，酒尾温度较高，经摘酒后，蒸得的酒为大渣酒。

（8）二次发酵、蒸馏：把甑内料取出，摊晾在地上进行冷却。按上述数量加水、加曲，不配新料，入池发酵 4d。入池料的温度及操作方法与前相同，这次蒸得的酒叫二渣酒。

（9）三次发酵、蒸馏：第二次蒸馏完毕，仍按前次操作，出料、摊晾、冷却、加水、加曲，入池发酵 4d。这次蒸得的酒叫三渣酒。

在按上述步骤操作时，对装甑工序应注意：通常的装甑方法有："见湿盖料"，指酒气上升至甑桶表层，酒醅发湿时盖一层发酵的材料，避免跑气，但若掌握不好，容易压气；"见气盖料"则是酒气上升至甑桶表层，在酒醅表层稍见白色雾状酒气时，迅速准确地盖上一层发酵材料，此法不易压气，但易跑气。这两种操作方法各有利弊，可根据自己装甑技术的熟练程度选择使用。此法酿酒的整个生产周期为 12d，原渣出酒率可达 47%左右。

第七章　马铃薯病虫害及绿色防控技术

马铃薯是多病作物，目前，为害马铃薯的病虫草鼠害有300多种。据统计，目前全世界有报道的马铃薯病害达100余种，主要分为病毒性、真菌性和细菌性病害。其中，真菌性和细菌性病害占了病害的大半。在世界范围内，已知侵染马铃薯的病毒约有18种，类病毒和类菌质体有2种。

第一节　科学合理用药

防治马铃薯虫、病、草、鼠害，首先要做到科学诊断，然后采取农业防治、物理防治、生态防治、化学防治等综合技术进行防治。改进化学防治技术，选用高效低毒农药和新型药械，注意农药的残留期。

马铃薯生产用药支出（农药、人工费、器械费）占生产总支出的比例很大，给菜农带来了不小的负担。药打了，钱花了，力出了，罪受了，药效怎么样？有没有副作用？因此，科学合理用药与安全高效生产关系极大，应总结这方面的经验教训，克服盲目用药现象。

一、当前用药误区

调查发现，当前菜农用药存在如下误区。

（1）看邻居或有技术的人家打药了，自己就跟着打药。

（2）定期打药，如7~10d打1次药。不管农药持效期长短和田间马铃薯植株长势、长相如何。

（3）按常规打药，不管病虫草鼠害情况，每年按照惯例按时打同一种药。

（4）请当地售药的经销商开药方，自己没主见，不能主动选药。

（5）发现一株或一个枝叶上有了病虫草鼠害，就认为全田都有了病虫草鼠害，不分青红皂白开始全田打药。

（6）不按经济阈值打药。

（7）一遇晴天就打药，所谓打保险药。

（8）认为化学农药管用，不善于运用生物、物理、农业和生态防治方法进行综合防治，形成依靠化学农药的坏习惯。

二、科学用药方法

（1）学会病虫草鼠害测报：每种病虫草鼠害都有其发生条件、生活规律、防治时机，通过对某种病虫草鼠害的田间调查、观察，可以确定其大发生时期或防治关键期。在不同时期有针对性地施药，药效可显著提高。

（2）按防治指标打药：病、虫为害到什么程度开始打药效果最好，应以农业部门或农技人员发布的病虫草鼠害防治指标为准。

（3）挑治：在生产上，常有个别植株或个别枝叶病虫草鼠害局部为害，或因漏打农药造成局部为害，造成的损失不太大。出现这种情况，可通过细致的田间调查，详细记清病虫草鼠害发生严重的行、株号，只对个别植株、个别枝叶进行喷药，这就是“挑治”。这样做省工、省药，如果把局部为害当全田为害来打药。既浪费了人工、农药，污染了环境，又杀伤了天敌，得不偿失。

（4）减少不必要的用药：有些药属于可用可不用的药，

如在播种后或整地前，一些从未种过蔬菜的新建棚室，就没有必要进行土壤和棚室处理。此外，有些菜农喜欢把几种效果相近、性质相同的农药混合对在一起，觉得放心。其实，目前市售杀虫、杀菌剂，更有一药多名现象。另外，多种农药混合常有减效作用，所以，不应这样用药。

（5）轮换用药：如果一年连续多次使用某种农药，极易使病虫草鼠害产生抗性，打药的浓度加大，投资成本提高。据统计，我国日光温室产区，白粉虱对有机磷农药的抗性已提高5~10倍。因此，轮换使用杀虫机制不同的农药，可以有效地延缓和抑制病虫草鼠害产生抗药性，尤其是易产生抗药性的蚜虫类、螨虫类，更要注意经常更换农药的品种。

（6）选择抗病品种：不同品种，对某种病虫草鼠害有不同反应和抗性，这是由其遗传特性决定的。具体来说，马铃薯品种间对病虫草鼠害的抗性有强弱之分，有免疫、高抗、中抗和低抗之别。选用抗病品种可收到省投资、少污染等一举多得的效果。

（7）不宜随意提高药液浓度：部分菜农认为，打农药时，如果按农药标签上规定浓度打不管用，应该提高浓度。经调查农药使用情况发现，3 000倍液与2 500倍液或2 000倍液的防治效果无显著差异。任何一种杀虫、杀菌剂都有其规定使用浓度，该浓度是由权威部门指定的植保专家经多年、多点试验后，才确定下来的比较经济可靠的使用浓度。在多数情况下，超浓度用药，其效果不一定随浓度提高而增加，相反，会带来一些副作用——产生药害。有时用药效果不好，不一定是由于浓度低，而多半是因打药质量不高造成的。

（8）调整用药期：有些菜农仅凭经验，定期打药，打安全药、保险药，这不仅浪费了资金、劳力，又增加了对环境的污染。合理用药期应在害虫比例低，或病虫草鼠害种群数量达到经济受害水平时，才选择用药。

(9) 合理混用农药：农药混用，不但有利于防治同时发生的多种病虫，而且可防治病虫产生抗性。哪些农药能混用，哪些农药不能混用，可通过阅读产品说明书确定。在早疫病、晚疫病、蓟马同时发生时，可将能混用的选择性的杀菌、杀虫剂混配使用，既降低投资，又减少用工，还可收到一喷多防的效果。切记混配农药时，一要考虑对目标害虫的效果，二要考虑对人畜、马铃薯及环境的安全。在混配时，绝不能把作用机制和防治对象相同的药剂混用，更不能把多种农药或有机合成农药与强碱农药随意混合，避免产生药害和减效。

(10) 采用选择性农药：属于生理选择性强的农药，药剂有减轻对环境污染的良好作用，经常在生产无公害马铃薯时使用。这些农药有微生物农药，选择性杀螨剂，选择性杀蚜剂，植物源杀虫、杀螨、杀菌剂，人工合成的抗生素类农药，弱毒疫苗，动物源农药。

第二节 病毒病

病毒病是马铃薯的主要病害类型之一，它可以导致植株生理代谢紊乱、活力降低，造成大量减产，严重时可减产 70%~80%，甚至没有商品产量。随着病毒检测技术的发展，人们发现几乎所有马铃薯的品种都受到一种或几种病毒的侵染。

病毒颗粒很小，在一般显微镜下看不到，只能在几十万倍的电子显微镜下才能识别。病毒侵染是导致马铃薯退化的根本原因。为害马铃薯的病毒有 30 多种，马铃薯感染不同的病毒，其表现症状也不同，常见的有花叶、垂叶坏死、皱缩花叶、卷叶、矮化、顶卷叶等。马铃薯感染病毒后，块茎变小、变形，产量降低，种性退化。采用感染病毒的块茎作种，后代仍表现退化减产，失去了种用价值。

一、生产上常见的病毒病种类

（1）普通花叶病毒（PVX）：当 X 病毒单独侵染马铃薯时，植株生育近于正常，只是在叶片上表现绿色或淡绿色相间的斑驳或花叶。病状轻时一般不明显，但在阴天或在叶片下衬以白纸，或将叶片迎光透视，则易见黄绿色相间的花叶。温度过高或过低时病状隐蔽。一般减产 10%左右。传播途径为接触传播。钝化温度 68~75℃，体外存活期 1 年以上。

（2）潜隐花叶病毒（PVS）：典型表现是叶脉下陷，叶面多皱纹或呈波状。对 S 病毒敏感的品种叶面呈古铜色反应。植株被病毒为害后可减产 10%~15%。病毒传播途径主要靠接触传播。钝化温度 55~60℃，体外存活期 3~4d。

（3）粗皱缩花叶病毒（PVA）：是造成轻花叶的主要病毒。在小叶的叶脉之间出现不规则的深绿和浅绿色相间的病斑，叶片不平滑，呈皱缩状。叶肉粗糙，绿色部分色深，叶脉下陷，严重时叶缘呈波状。接触或蚜虫均可传播。钝化温度为 44~52℃，体外存活期 12~18h。

（4）花叶病毒（PVM）：病毒侵染后表现卷叶嵌斑花叶病症状。患病植株的叶片尖端叶脉间呈花叶症状，小叶变形，尖部扭曲，叶缘呈波状。茎的顶部小叶卷曲。传播途径为接触传播。

（5）重花叶病毒（PVY）：病株叶脉、叶柄、茎有褐色条斑，发脆。叶片严重皱缩有斑点或枯斑，叶脉坏死或呈条斑垂叶坏死，后期下部叶片干枯坏死，不脱落，顶部叶片常表现斑点或轻微皱缩症状，植株变矮，不分枝或很少分枝，一般减产 50%左右。传播途径为接触和蚜虫传播。钝化温度 52~62℃，体外存活期为 1~2d。Y 病毒和 X 病毒或 A 病毒等复合侵染

（Y+X 或 Y+A）时，植株受害更为严重。

（6）卷叶病毒（PLRV）：感卷叶病毒后植株下部叶片边缘以主脉为中心向上卷成勺形，叶片变厚发脆，严重时全株叶片由下而上卷成筒状，矮化。有些品种叶色褪绿，叶背呈紫红色。有些病毒株系使感病块茎的维管束变成褐色或网腐状。感卷叶病毒严重时减产 40%~60%，主要传染途径是蚜虫。钝化温度 70℃，体外存活期 12~24h。

（7）纺锤块茎类病毒（PSTV）：感病植株矮化，叶片变小，叶柄与主茎的夹角变小，呈束顶状；块茎小而细长，数量减少，芽眼变浅，芽眼数增多，严重时薯皮龟裂。个别品种块茎出现肿瘤状畸形，红色或紫色表皮的品种会出现褪色，块茎幼芽生长缓慢，分枝少，直立。顶叶叶缘上卷，小叶扭曲，叶片皱缩不平。可通过接触、农具、衣物、切刀等进行汁液传播，也可通过花粉或种子传播。据报道，某些昆虫也可传播此病毒。

上述几种病毒都可以通过蚜虫及汁液摩擦传毒。田间管理条件差，蚜虫大量发生时发病重。此外，25℃以上高温会降低寄主对病毒的抵抗能力，也有利于传毒媒介蚜虫的繁殖、迁飞、传毒，从而有利于该病的扩展，加重受害程度。故一般在冷凉地区栽培的马铃薯发病轻。品种的抗病性及栽培措施等都会影响病毒病的发生程度。

二、防止病毒病试验

蚜虫是主要的传毒媒介，因此，掌握蚜虫迁飞规律，调整播种期、收获期，避蚜虫传毒，躲避高温，能防止病毒性退化。

（一）播期试验

郑州地区桃蚜于 4 月下旬由第一寄主（越冬寄主）向第

二寄主（马铃薯、蔬菜等）迁飞，6月上中旬在第二寄主间扩散，为了防止蚜虫传毒，除对田间进行喷药防治外，留种田对播种期、收获期经试验后进行了调整。郑薯2号春薯早种早收，秋薯适当晚播，避蚜躲高温，以免蚜虫为害，以及传毒后因受高温影响，病毒在马铃薯体内增殖，导致病毒性退化。经过试验，春季早种早收比晚种晚收的后代植株高8.4cm，退化指数降低21%，增产28.1%。秋季适当晚播较早播当季退化指数降低5.0%，后代鉴定，退化指数降低5.7%，增产21.6%。

（二）整薯播种试验

秋季采用整薯播种，对防止部分病毒借切刀传播效果显著。据郑州市蔬菜研究所试验，整薯播种退化指数为1.0%，而切块退化指数为13.5%。整薯播种植株生长势强，高大，分枝多。

（三）脱毒薯增产试验

利用郑薯2号进行脱毒薯后代增产试验。郑薯2号脱毒后，在大田不防蚜虫的情况下，随着代数的增加，退化逐代加重，生产上利用五代仍有增产。

三、病毒病防治方法

通过多年研究和试验，防治马铃薯病毒病采用的方法有以下几种。

（1）推广利用脱毒薯：建立脱毒薯繁育基地，通过检测淘汰病薯，生产上通过二季栽培综合技术留种。

（2）选用抗病品种：在条斑花叶、普通花叶和卷叶发生严重的二季作区可选用豫马铃薯1号、豫马铃薯2号、克新4号、中薯3号、费乌瑞它等。

(3) 精选种薯：在田间严格选留无病毒症状的植株留种，建立种子田。

(4) 调整播种期、收获期：春季早播、早收，秋季适当晚播。避开蚜虫迁飞高峰，减轻蚜虫为害传播，躲过高温影响。

(5) 防治蚜虫：种子田从出苗开始应定期喷药防蚜。发现感病植株应立即拔除。

(6) 整薯播种：种薯田应采用整薯播种，杜绝部分病毒及其他病害借切刀传播。

(7) 药剂防治：发病初期喷洒抗毒丰（0.5%菇类蛋白多糖水剂）300 倍液，或 1.5%植病灵Ⅱ号乳剂 1 000倍液，或 20%病毒 A 可湿性粉剂 500 倍液。

对于病毒病，通过药剂防治和种植抗病毒品种只对个别病毒有一定作用，但侵染马铃薯的病毒种类很多，难以收到理想的效果。因此，利用茎尖分生组织培养，脱除病毒，并通过病毒检测，建立相应的脱毒种薯繁育体系，生产出合格的种薯，才是防治马铃薯病毒性退化最行之有效的途径。

第三节　菌类病害

一、环腐病

一种常见的马铃薯毁灭性细菌病害。北方一季作区发生较严重，二季作区发生较轻。春秋生产季节发病造成死棵烂薯，贮藏期造成大量烂薯。

（一）发病症状

带病薯块播种后，重者在土壤中烂掉，轻者比健薯晚出苗 4~5d。出苗后生长缓慢，瘦弱矮小，叶片发黄变小，下部叶片边缘或尖端先出现褐色斑点，以后干枯向上卷或早期死亡，但叶片不脱落。有些中上部叶片前期保持绿色，以后变成灰绿色萎蔫。在生长期，部分病株分枝正常，植株稍矮，个别枝条（半边）萎蔫或全萎蔫。顶部叶片变小，叶片组织部分褪色，由浅绿色变成黄绿色，叶缘出现褐色斑点。上部叶片向上卷曲，叶片萎蔫下垂。下部叶片多数枯黄，茎保持绿色。有些叶片先由尖端变褐后全部变褐，病株叶片向上卷曲变枯，仅留顶部几片灰绿色小叶。切开病株茎基部维管束不变色或变成浅褐色，用手挤压可溢出乳黄色或乳白色黏液。

（二）防治方法

（1）加强植物检验：调运带病种薯是环腐病远距离传播的主要途径。严禁从病区调运、引进种薯。

（2）整薯播种：避免环腐病借切刀传播。

（3）建立无病种薯田：选用两年未种过马铃薯的地块。种薯应是株选的无病健薯，并进行整薯播种，通过培育无病种薯才能彻底消灭环腐病。

（4）切刀消毒、削腚（脐部）把关：切块前首先给检查人员准备好 3～4 把刀。检查人员用刀在种薯的尾部（脐部）削切一刀，发现维管束变色立即淘汰，并对切刀消毒，然后再换一把经过消毒的刀。经过削切脐部把关，把无病的健康种薯放在一起，由其他人进行切块。这样既防止了环腐病借切刀传播，又减少了其他人切刀消毒的麻烦，效果很好。切刀消毒的方法是将切刀在火炉上烧烤 20s 左右，取出后放入凉水中浸放一会儿，切刀凉后即可使用；也可在开水中煮 2～3min，晾凉后即可使用。

二、青枯病

马铃薯青枯病在长城以南大部分地区均可发生，在黄河以南、长江流域发病较重。青枯病属于细菌性病害。

（一）发病症状

植株发病时某个茎或某个分枝突然萎蔫青枯，同株的其他茎叶仍然正常，但不久也枯死。因为病菌沿维管束侵入各个茎内，早侵入早发病，晚侵入晚发病，最后全株枯萎。病株稍矮缩，叶片浅绿或苍绿，下部叶片先萎蔫后全株下垂，开始早晚恢复，持续 4~5d 后全株茎叶全部萎蔫死亡，但仍可保持青绿色，叶片不凋落，叶脉褐变，茎出现褐色条纹，横剖可见维管束变褐，湿度大时，切面有细菌液溢出。

植株发病的同时，病菌从匍匐茎侵入块茎，脐部组织首先出现病状。刚侵入的组织变色较浅，很容易被忽视；重的脐部呈灰褐色水浸状，切开薯块，维管束圈变褐，用手压挤时有白色的黏液溢出，但皮肉不从维管束处分离（这是与环腐病的主要区别）。严重时外皮龟裂，髓部溃烂如泥，区别于环腐病。有些薯块芽眼被侵害，不能发芽，全部腐烂。

（二）防治方法

（1）加强植物检疫：严禁到青枯病发生地区调种、引种，以免将病害引入。

（2）采用脱毒种薯：利用脱毒薯更换已感染的品种，结合种薯生产大量繁殖无病种薯，迅速扩大无病种薯面积。

（3）实行整薯播种：避免切刀传病。如果种薯必须切块，除淘汰病薯外，切刀必须进行消毒（参考环腐病防治方法）。

（4）用高质量的有机肥：严禁用有病的茎叶和烂薯沤制肥料，防止土壤被病菌污染传病。

（5）轮作：实行与禾本科作物 4 年轮作，实行水旱轮作。

（6）及时销毁病株：发现田间病株及时拔除并销毁病株，病株处用生石灰消毒。

(7) 农业防治：加强田间管理，中后期尽量少中耕，以免伤根，给青枯病造成侵染途径。适当提前收获。管理后期，浇水量要小，雨后注意排水。

三、黑胫病

马铃薯黑胫病在我国南至四川、北至黑龙江、西至青海等地均有发生。

(一) 发病症状

受害的植株茎基部变黑，故称黑胫病。带病薯块播种后腐烂，常造成缺苗。生长期感病造成减产，储藏期病害发展——轻者烂薯，重者烂窖。

主要感染茎和块茎。从苗期到生长期均可感染。种薯感病重者腐烂呈黏团状，不发芽，或刚发芽即烂在土中，不能出苗。幼苗感病生长缓慢，植株节间缩短，比健株矮小，分枝少，叶片褪绿发黄，复叶与茎的角度变小，小叶片向上卷曲，病重时植株茎基部变黑色，萎蔫而死。横切茎部可见三条主要维管束变为褐色。受害的植株因基部在土壤中腐烂，用手拔取时极易拔出。块茎感病，开始从脐部呈放射状向髓部扩展，病部黑褐色。黑胫病菌开始是沿维管束进入块茎的，横切块茎可见维管束呈黑褐色，用于挤压皮肉不分离。湿度大时，块茎变成黑褐色腐烂发臭，区别于青枯病。从幼苗到成株常陆续发病，在土壤湿度大时发病植株较多。

(二) 防治方法

①选用无病种薯。选用无病种薯，建立无病薯留种田，生产出高质量的无病种薯。

②整薯播种。提倡整薯播种，杜绝切刀传播，如果切块，应严格把关，进行切刀消毒（参考环腐病防治方法）。

③及时消除病源。发现病株，及时拔除，并细心挖除块茎，减少菌源，用石灰消毒。

④加强种薯储藏管理。种薯入窖前要严格挑选，并加强储藏期管理，保持窖内干燥通风，防止温度过高，湿度过大。

⑤药剂浸种。用0.01%~0.05%溴硝丙二醇溶液浸种15~20min，或用0.05%~0.1%春雷霉素溶液浸种30min，或用0.2%高锰酸钾溶液浸种20~30min，取出晾干播种。

四、软腐病

软腐病是一种细菌性病害，在田间生长期和储藏期都能发生，不仅为害马铃薯块茎，而且还为害茎叶。

（一）发病症状

叶子感病，靠近地面的老叶先发病，初期呈现暗绿色或暗褐色不规则病斑，湿度大时，很快腐烂。茎感病后，初期呈现褐色条斑，向茎干蔓延，随后茎内髓部组织腐烂，具有恶臭味，病茎上部枝叶萎蔫下垂，叶片变黄，植株倒伏腐烂。块茎发病从伤口或脐部开始，初期块茎出现水浸状褐色病斑，整个块茎很快呈软腐状腐烂，并有黏液流出，散发出恶臭味，黏液带有很多病菌。如接触健薯，容易感病。腐烂薯块干缩后，呈灰白色粉渣状。土壤湿度过大，温度过高，田间枝叶繁茂通风不良，收获过晚，易造成田间发生软腐病。收获运输机械损伤薯块入窖后堆积过厚，储藏室（窖）温度高、湿度大、通风不良等，均易发病，造成大量烂薯。

发病条件及传播途径，该细菌发育温度2~40℃，最适宜温度25~30℃，温度50℃ 10min致死，适宜pH值5.3~9.3，最适pH值7.5。病原菌在病残体上或土壤中越冬，病原菌在土壤中可存活40个月。借雨水飞溅或昆虫传播蔓延。

（二）防治方法

（1）加强田间管理：加强田间管理，注意田间通风透光，降低田间湿度。浇水应小水勤浇，避免大水漫灌，雨后及时排出田间积水。

（2）及时消除病源：发现病株及时拔除，并用石灰进行土壤消毒，减少田间初侵染和再侵染病源。

（3）适时收获储藏：适时安全收获、储藏。春季应适当提前收获，免受高温及雨季影响。收获前 7～10d 停止浇水。收获、运输应防止机械损伤，储藏期应注意储藏场所干燥通风。

（4）秋季催芽控制湿度：秋季种薯催芽，沙床湿度切勿过大，以湿润稍偏干为宜，即不超过沙的最大持水量的 60% 为宜。

（5）轮作调茬：软腐病菌在土壤中能存活 40 个月，在软腐病严重的地块实行 4 年以上的轮作调茬。

（6）药剂防治：喷洒 50%琥胶肥酸铜可湿性粉剂 500 倍液，或用 12%绿乳铜乳油 500 倍水溶液，或用 14%络氨铜水剂 300 倍水溶液。

五、晚疫病

马铃薯晚疫病由致病疫霉引起，是一种可导致马铃薯茎叶死亡和块茎腐烂的毁灭性卵菌病害，也是我国普遍发生的一种严重的寄主性真菌病害。在阴雨连绵、温度较低、湿度较大的条件下容易发生。

（一）发病症状

晚疫病主要为害马铃薯叶、茎和薯块。叶片感病，先在叶尖或叶缘呈水浸状绿褐色斑点，病斑周围有浅绿色晕圈，湿度大时病斑迅速扩大，呈褐色，在叶背面产生白霉，即孢子梗和孢子囊。干燥时病斑变褐干枯，质脆易裂，不见白霉，且扩展速度减慢。叶柄、茎部感病，呈褐色条斑。发病严重时叶片萎垂、卷缩，全株黑腐，全田一片枯焦，散发出腐败气味。块茎感病，呈褐色或紫褐色大块病斑，稍凹陷，病部皮下薯肉呈褐色，逐步向四周扩大或烂掉。

（二）防治方法

（1）选用抗病品种：早熟品种抗晚疫病性能较差，而中晚熟品种抗晚疫病性能较强。适宜二季栽培的中晚熟品种必须是结薯偏早的，较抗晚疫病的有高原 7 号、克新 2 号等。

（2）精选种薯，淘汰病薯：种薯入窖储藏，出窖，春化处理、切块、催芽等每个环节都要精选薯块，淘汰病薯，以切断病源。

（3）加厚培土：防止病菌孢子囊落入土壤后侵染薯块。地上茎叶发病枯死后，要及时将秧子割去，暴晒 2~3d 后收获。

（4）药剂防治：田间发现发病中心病株或发病中心后，应立即割去发病马铃薯秧子、轻轻地拿出田间进行深埋，并要对中心发病株或发病中心的周围进行喷药封锁，重点消灭，全面防治。只要连续喷药 2~3 次，就可控制晚疫病的危害。田间可喷洒 85%瑞毒霉可湿性粉剂加水 800~1 000倍液，或用 40%乙膦铝可湿性粉剂 200 倍液，或用 64%杀毒矾可湿性粉剂 500 倍液，或用 69%安克锰锌可湿性粉剂 800 倍液，或用 72.2%普力克水剂 500 倍液，或用 53%金雷多米尔可湿性粉剂 800 倍液，或用 58%瑞毒霉锰锌 500~600 倍液，或用 80%大生可湿性粉剂 400~800 倍液，或用 72%的克露可湿性粉剂 600~800 倍液喷雾，10d 左右喷 1 次，连续防治 2~3 次。可用其中一种药物，但最好几种药交替使用，效果更好。

六、早疫病

马铃薯早疫病主要由链格孢属茄链格孢引起，可发生在叶片上，也可侵染块茎。

(一) 发病症状

叶片被害，病斑黑褐色，圆形或近圆形，具有同心轮纹，大小3~4mm，湿度大时，病斑上产生黑色霉层（即病原菌分生孢子梗及分生孢子），发病严重的叶片干枯脱落，全田枯黄。块茎感病，产生暗褐色稍凹陷圆形或近圆形斑，边缘皮下分别呈浅褐色海绵状干腐。

发病条件及传播途径：该病以分生孢子或菌丝体在病残体或带病薯块上越冬，翌年种薯发芽病菌开始侵染。病苗出土后，其上产生的分生孢子借风、雨传播，进行多次再侵染，使病害蔓延扩大。病菌易侵害老叶片，遇有小到中雨，或阴雨连绵，或湿度高于70%，该病易发生和流行。

分生孢子萌发适温26~28℃，当叶面上结有露水或水滴、温度适宜时，分生孢子经35~45min即萌发，从叶面气孔或穿透表皮侵入，潜伏2~3d。瘠薄及肥力不足的地块发生病重。

(二) 防治方法

(1) 农业防治：选择土壤肥沃的地块种植，增施有机肥，推行配方施肥，提高马铃薯抗病能力。

(2) 药剂防治：发病前开始喷洒80%喷克可湿性粉剂600倍液，或用80%新万生可湿性粉剂600倍液，或用75%百菌清可湿性粉剂600倍液，或用70%代森锰锌可湿性粉剂500倍液，或用64%杀毒矾可湿性粉剂500倍液，或用40%克菌丹可湿性粉剂400倍液，或用77%可杀得可湿性粉剂500倍液。每7~10d喷洒1次，连续防治2~3次。

七、枯丝核菌溃疡病

马铃薯立枯丝核菌病除侵染马铃薯外，还可侵染豌豆，为害部位为幼芽、茎基部及块茎。以病薯上的或留在土壤中的菌核越冬。带病种薯是翌年初侵染源，也是远距离传播的主要途径。该病发生与春寒及潮湿条件有关，播种早或播后土温较低发病重。

（一）发病症状

幼芽感病顶部出现褐色病斑，生长点坏死。苗期受害常在茎上出现指印形状或环剥的褐色溃疡面，植株矮小，顶部丛生，严重的植株顶部叶片向上卷曲并褪绿。地上茎枯萎或形成气生薯，在近地表的表面，往往产生灰白色菌丝层，茎表面呈粉状。匍匐茎上有红褐色病斑；在成熟的块茎表面形成大小形状不规则的、坚硬的、土壤颗粒状的黑褐色或暗褐色的菌核，不易洗掉，而菌核下边的组织完好。有的块茎出现破裂、畸形、锈斑和鳞片状变色组织、茎末端组织坏死等。

（二）防治方法

（1）农业措施：选用无病种薯，培育无病壮苗，建立无病留种田；由于菌核能长期在土壤中越冬存活，可与小麦、玉米、大豆等作物倒茬，实行3年以上轮作制，避免重迎茬；注意地块的选择，应选择地势平坦，易排涝，以降低土壤湿度；适时晚播和浅播，以提高地温，促进早出苗，减少幼芽在土壤中的时间，减少病菌的侵染；一旦田间发现病株，应及时拔除，在远离种植地块处销毁深埋，病株穴内撒入生石灰等消毒。

（2）化学防治：

①药剂拌种，为防种薯带病和土壤传染，栽种时薯块用多

菌灵等内吸性杀菌剂稀释液浸种或 2.5%适乐时、3.5%满适金等药剂稀释后拌种。

②药剂垄沟喷雾，用 25%的阿米西达悬浮剂等，在种薯播种到垄沟后马上进行沟内喷药，使药物均匀喷到土壤和芽块上，然后覆土。

③进行土壤消毒，用土壤消毒剂如 PCNB（五氯硝基苯）等混合在种植带上，可降低该病害的发生。

（3）生物防治：用木霉菌和双核丝核菌作为生物防治可减轻此病害。

八、疮痂病

疮痂病是一种放线菌病害，在二季作区秋季发生比较普遍。秋季播种早、土壤碱性、施不腐熟的有机肥料、结薯初期土壤干旱高温等，发病较重。

（一）发病症状

该病主要为害马铃薯块茎，块茎感病后，薯块表面先产生褐色小点，扩大后形成圆形或不规则的较大褐色病斑，边缘隆起。病斑扩大合并，形成大病斑，病斑上往往出现有白色、灰色或其他颜色的粉末，特别是刚收获的块茎最明显。感病块茎表皮粗糙木质化，呈干腐状。病斑一般较浅，仅限在块茎表皮，也有深达薯肉的，引起局部薯肉硬化。匍匐茎也可受害，多呈近圆形或圆形的病斑。马铃薯受害后，产量降低，品质差，不耐储藏，影响块茎的商品质量，严重的失去商品价值。

（二）防治方法

（1）轮作调茬：避免连作，不要在碱性地块种植马铃薯，使用有机肥料，要充分腐熟。

（2）调整播期：秋季适当晚播，使马铃薯结薯初期避过高温。

(3) 加强田间管理：秋季马铃薯块茎膨大初期，小水勤浇，保持土壤湿润，降低地温。

(4) 药剂防治：秋季用 1.5~2kg 硫黄粉撒施后犁地进行土壤消毒，播种开沟时每亩再用 1.5kg 硫黄粉沟施消毒。用对苯二酚（化学纯）100g 加水 100kg，配成 0.1%水溶液，播种前浸种 30min，捞出晾干后播种。

九、马铃薯癌肿病

(一) 发病症状

主要为害植株地下部分，薯块和匍匐茎上发生普遍。被害块茎的芽眼和匍匐茎，由于病菌刺激细胞不断分裂，形成大小不一、形状不定、粗糙突起的肿瘤，状如花椰菜。受害薯块表面常龟裂。癌瘤组织前期黄白色，露出土表部分变为绿色，后期变黑褐色。组织松软，易腐烂并产生恶臭味，有褐色黏液物。储藏期间病薯仍能发展，甚至造成烂窖。病薯变黑，发出恶臭味；经长时间煮沸不易变软，难以食用。地上部受害，外观与健株差异不明显，但后期病株较健株高，保绿期限比健株长，分枝多，结浆果多。重病株的茎、叶、花均可受害而形成癌肿病变或畸形。致病菌为内生集壶菌。病菌内寄生，不产生菌丝，营养菌体初为无胞壁裸露的原生质（变形体），后为具胞壁的单胞菌体。生殖生长阶段，单胞菌体转为休眠孢子囊堆。孢子囊堆近球形，内含 4~9 个孢子囊。孢子囊球形，锈褐色，萌发产生游动孢子。游动孢子单鞭毛，球形至洋梨形。部分游动孢子交配成合子。合子状如游动孢子，双鞭毛，二者均可侵染寄主。

(二) 防治方法

(1) 严格检疫：严格实行检疫。严禁病区种薯向外调运。

（2）选用抗病品种：品种间抗性差异大，可因地制宜选用。云南的米拉品种表现高抗，各地可酌情选用。

（3）合理安排轮作：选择粮谷作物轮作，消除隔年生马铃薯。重病地改种非前科作物。

（4）加强栽培管理：避开低洼易涝地；施用腐熟无病肥料，增施磷钾肥；销毁病残株体。

（5）搞好药剂防治：应用15%三唑酮乳油（粉锈宁），每亩用量400~500g。可采用药土盖种，播后以1∶200药土覆盖种薯；药水灌窝，于马铃薯出苗70%时，用1 000倍液灌根；药水喷雾，于出苗70%时喷一次，初蕾时一次，每亩用1 500倍液60L。或用20%三唑酮乳油1 500倍液于70%植株出苗至齐苗期浇灌；或用20%三唑酮乳油2 000倍液于苗期、蕾期喷施，每次亩喷对好的药液50~ 60L，有一定防治效果。

十、马铃薯粉痂病

（一）发病症状

主要为害块茎及根部，有时茎也可染病。块茎染病，初在表皮上出现针头大的褐色小斑，外围有半透明的晕环，后小斑逐渐隆起、膨大，成为直径3~5mm不等的“疱斑”，其表皮尚未破裂，为粉痂的“封闭疱”阶段。后随病情的发展，“疱斑”表皮破裂、反卷，皮下组织呈现橘红色，散出大量深褐色粉状物（孢子囊球），“疱斑”下陷呈火山口状，外围有木栓质晕环，为粉痂的“开放疱”阶段。根部染病，于根的一侧长出豆粒大小单生或聚生的瘤状物。

（二）防治方法

（1）严格检疫：严格执行检疫制度，对病区种薯严加封锁，禁止外调。

（2）避免连作：病区实行 5 年以上轮作。

（3）选用无病种薯：选留无病种薯，把好收获、储藏、播种关，汰除病薯，必要时可用 2%盐酸溶液或 40%福尔马林 200 倍液浸种 5min，或用 40%福尔马林 200 倍液将种薯浸湿，再用塑料布盖严闷 2h，晾干播种。

（4）加强肥水管理：增施基肥或磷钾肥，多施石灰或草木灰，改变土壤 pH 值。加强田间管理，提倡采用高畦栽培，避免大水漫灌，防止病菌传播蔓延。

第四节 虫 害

一、蚜虫

也称腻虫，常群集在嫩叶的背面吸取汁液，严重时叶片卷曲皱缩变形，甚至干枯，严重影响顶部幼芽正常生长。花蕾和花也是蚜虫密集的部位。桃蚜还可以传播病毒。

（一）特征特性

马铃薯蚜虫，杂食性，寄主多，越冬寄主多为蔷薇科木本植物（如桃、李、梅、杏、樱桃等），夏寄主多为草本植物（除包括豆科、茄科、葫芦科、十字花科等蔬菜外，还包括许多一二年生草本观赏植物，特别是温室花卉）。蚜虫是孤雌生殖，繁殖速度快，从越冬寄主转移（迁飞）到第二寄主马铃薯等植株后，每年可发生 10~20 代。蚜虫靠有翅蚜迁飞扩散。有翅蚜一般在 4—5 月向马铃薯迁飞或扩散。温度 25℃左右时生育繁殖最快，高于 30℃或低于 6℃时，蚜虫数量减少。暴雨大风和多雨季节不利于蚜虫繁殖和迁飞。桃蚜在秋末时飞回第一寄主桃树上产卵越冬。越冬卵到春季孵化后以有翅蚜迁飞到第二寄主为害。有时蚜虫的成虫或若虫在菜窖、温室、阳畦内越冬。桃蚜对黄色、橙色有强烈的趋性，而对银灰色有负趋性。

（二）防治方法

（1）农业防治：生产种薯时，为了防止蚜虫传毒，在二季作区，春季应在蚜虫迁飞前收获，避开蚜虫为害。另外，出苗后，要求每周应喷药1次。

（2）药剂防治：可用10%吡虫啉可湿性粉剂加水2 000倍，或用40%乐果乳剂加水1 000倍，或用灭蚜松乳剂加水1 000倍，或用50%马拉硫磷乳油加水1 000倍，或用52.5%农地乐1 000~1 500倍液，或用2.5%功夫1 000~1 500倍液，或用2.5%扑虱蚜2 500倍液，或用25%劈蚜雾1 000~1 500倍液喷雾防治。灭蚜药剂较多，可根据情况选择轮换使用，以免蚜虫产生抗性，影响防治效果。由于蚜虫繁殖快，蔓延迅速，必须及时防治。蚜虫多在心叶、叶背处为害，药剂难以全面喷到，所以在喷药时要周到细致。

二、白粉虱

（一）为害症状

成虫和若虫吸食植物汁液，被害叶片褪绿、变黄、萎蔫，甚至全株枯死。此外，由于其繁殖力强，繁殖速度快，种群数量庞大，群聚为害，并分泌大量蜜液，严重污染叶片和果实，往往引起煤污病的大发生，使蔬菜失去商品价值。除严重为害番茄、青椒、茄子、马铃薯等茄科作物外，也是严重为害黄瓜、菜豆的害虫。

（二）防治方法

对白粉虱的防治，应以农业防治为主，加强蔬菜作物的栽培管理，培育“无虫苗”，辅以合理使用化学农药，积极开展生物防治和物理防治。

（1）农业防治：提倡温室第一茬种植白粉虱不喜食的芹菜、蒜黄等较耐低温的作物，而减少黄瓜、番茄的种植面积；培育“无虫苗”，把苗房和生产温室分开，育苗前彻底熏杀残余虫口，清理杂草和残株，以及在通风口密封尼龙纱，控制外来虫源；避免黄瓜、番茄、菜豆混栽；温室、大棚附近避免栽植黄瓜、番茄、茄子、菜豆等粉虱发生严重的蔬菜；提倡种植白粉虱不喜食的十字花科蔬菜，以减少虫源。

（2）药剂防治：由于粉虱世代重叠，在同一时间同一作物上存在各种虫态，而当前药剂没有对所有虫态皆有效的种类，所以采用化学防治法，必须连续几次用药。可选用的药剂和浓度有，10%扑虱灵乳油（有效成分为噻嗪酮）1 000倍液，对粉虱特效；25%灭螨猛乳油 1 000倍液，对粉虱成虫、卵和若虫皆有效；20%康福多浓可溶剂 4 000倍液或 10%大功臣可湿性粉剂亩用有效成分 2g，持效期 30d；天王星 2.5%乳油 3 000倍液，可杀成虫、若虫、假蛹，对卵的效果不明显；功夫 2.5%乳油 3 000倍液；灭扫利 20%乳油 2 000倍液，连续施用，有较好效果。

（3）生物防治：可人工繁殖释放丽蚜小蜂，在温室第二茬番茄上，当粉虱成虫在 0.5 头/株以下时，每隔 2 周放 1 次，共 3 次释放丽蚜小蜂成蜂，15 头/株，寄生蜂可在温室内建立种群并能有效地控制白粉虱为害。

（4）物理防治：白粉虱对黄色敏感，有强烈趋性，可在温室内设置黄板诱杀成虫。方法是利用废旧的纤维板或硬纸板，裁成 100cm×20cm 长条，用油漆涂为橙皮黄色，再涂上一层黏油（可使用 10 号机油加少许黄油调匀），每亩设置 32～34 块，置于行间可与植株高度相同。当粉虱粘满板面时，需及时重涂黏油，一般可 7～10d 重涂 1 次。要防止油滴在作物上造成烧伤。也可购置成品黄板诱杀。黄板诱杀与释放丽蚜小蜂可协调运用，并配合生产“无虫苗”，作为综合治理的几项主要内容。此外，由于粉虱繁殖迅速易于传播，在一个地区范围内的生产单位应注意联防联治，以提高总体防治效果。

三、茶黄螨

（一）为害症状

为害黄瓜、茄子、番茄、青椒、豆类、马铃薯等多种蔬菜。由于螨体极小，肉眼难以观察识别，常误认为是生理病害或病毒病害。对马铃薯嫩的茎叶危害较重。特别是在二季作地区秋季发生比较严重，个别田块严重时马铃薯植株油褐色枯死，造成严重减产。河南省发生为害时间在秋季9月下旬至10月上旬。成螨和幼螨集中在幼嫩的茎和叶背刺吸汁液，造成植株叶片畸形。受害叶片背面呈黄褐色，有油质状光泽或呈油浸状，叶片边缘向叶背卷曲。嫩叶受害叶片变小变窄。嫩茎变成黄褐色，扭曲畸形。严重者植株枯死。

（二）防治方法

（1）农业防治：许多杂草是茶黄螨的寄主，应及时清除田间、地边、地头杂草，消灭寄主植物，杜绝虫源。马铃薯种植地块，不要与菜豆、茄子、青椒等蔬菜邻近，以免传播。

（2）药剂防治：可用75%克螨特乳油加水1 500~2 000倍，或用20%复方浏阳霉素加水1 000倍，或用40%环丙螨醇可湿性粉剂加水1 500~2 000倍，或用25%灭螨猛可湿性粉剂加水1 000~1 500倍，或用杀螨脒水剂加水500~1 000倍，或用40%乐果乳油加水1 000倍等进行喷洒。茶黄螨生活周期较短，繁殖力特强，应特别注意早期防治。

四、马铃薯块茎蛾

块茎蛾以幼虫为害马铃薯。在为害叶片时，幼虫潜入叶的内部（大部分从叶脉附近蛀入叶内），因虫体很小，进入叶内专食叶肉，仅留下叶片的上下表皮和粗叶脉，叶片呈透明状。幼虫为害块茎时，从块茎的芽眼附近打洞钻入块茎内，粪便排在洞外。在块茎储藏期间为害最重。幼虫钻入块茎后逐渐咬食成隧道，不仅严重影响食用品质，而且常造成块茎腐烂。受害轻的产量损失 10%～20%，重的可达 70%左右。而且对茄科作物都能为害。

（一）特征特性

块茎蛾属麦蛾科，为银灰色小蛾，体长 5～6mm，成虫成活 20d 左右，雌蛾可产卵 80～250 粒，卵产于叶脉处和茎基，在块茎上多产于芽眼、破皮、裂缝处。卵经 6d 左右孵化成幼虫，幼虫期 7～11d。幼虫四处飘散，吐丝下垂，随风飘落在邻近的植株叶片上潜入叶内为害，在块茎上的幼虫则从芽眼蛀入。幼虫为白色或浅黄色，老熟时为粉红色，头部为棕褐色。幼虫共 4 龄，末龄幼虫体长 6～13mm。老龄幼虫吐丝作茧化蛹，经 7～8d 变成蛾子。夏天 30d 左右发生 1 代，冬天 50d 左右发生 1 代，1 年可繁殖 5～6 代。块茎蛾为检疫对象，种植马铃薯和烟草的地区，两种作物可互为寄主，为害比较严重，在我国云南、贵州、四川等省发现较早，后来在湖南、湖北、安徽、陕西、甘肃也发现了块茎蛾。

（二）防治方法

（1）严格控制：块茎蛾是检疫对象，严禁到发生地区调种，防止虫害扩大传播。

（2）药剂防治：在成虫盛发期可喷洒 10%赛波凯乳油

2 000倍或0.12%天力Ⅱ号可湿性粉剂1 000倍水溶液。块茎入窖后立即用90%敌百虫1 000倍液喷洒薯堆。

(3) 农业防治：加强田间管理，及时培土。在田间切勿让块茎露出地面，以免被成虫产卵于块茎上。清洁田园，集中焚烧田间的植株茎叶和杂草，防止潜入的虫害继续存活。及时收运，马铃薯收获后，块茎应随即运回，不能在田间过夜，因为成虫在夜间或早晨活动产卵，会使块茎大量受害。入窖后薯堆普遍盖3cm厚沙或在薯堆上用麻袋盖严，严防成虫产卵于薯块上。

五、马铃薯二十八星瓢虫

(一) 为害症状

成虫、幼虫都可为害马铃薯、茄子、青椒、豆类、瓜类等蔬菜。秋季（9月）为害马铃薯较重。成虫和幼虫均可为害马铃薯，但幼虫为害更严重。幼虫专食叶肉，被食后的叶片只留有网状叶脉，叶子很快枯黄，造成严重减产。

(二) 防治方法

(1) 物理防治：人工捕捉成虫。利用成虫的假死习性，在成虫盛发期，每天早晚用脸盆接着，然后轻敲植株，成虫便落入盆内，收集杀死。人工摘除卵块。成虫产卵集中，颜色鲜艳，极易发现摘除。

(2) 药剂防治：90%敌百虫加水1 000倍，或用25%亚胺硫酸乳剂加水1 000倍，或用50%辛硫磷乳剂加水1 000倍，或用2.5%溴氰菊酯乳油加水2 500倍，或用40%菊杀乳油加水2 500倍，或用2.5%高效氯氟氰菊酯（功夫）乳油加水3 000倍，或用40%菊马乳油加水2 500倍进行喷洒。发现成虫活动时即可喷药，每10d左右喷药1次，一般喷3次即可完全控制为害。卵和刚孵化的幼虫都在植株下部叶片的背面，喷药时一定要喷到叶背面，以把隐蔽的幼虫及卵全部杀死。

六、潜叶绳

（一）为害症状

为害许多作物。潜叶蝇体形很小，为害马铃薯的主要是幼虫，以幼虫潜入叶片表皮下，曲折穿行，取食绿色组织，造成不规则的灰白色线状隧道。为害严重时，叶片组织几乎全部受害，叶片上布满蛀道，尤以植株基部叶片受害最为严重，甚至枯萎死亡。成虫还可吸食植物汁液使被吸处成小白点。

（二）防治方法

（1）加强植物检疫：美洲斑潜蝇为检疫性害虫，要加强植物检疫，防止随马铃薯调运传入或传出。

对已发生为害的地区，应采取果断防治措施予以肃清或控制为害。

（2）农业防治：保护天敌，可大大减少潜叶蝇的为害。特别是过度使用杀虫剂使潜叶蝇的天敌遭到毁灭性的地区，潜叶蝇是一种严重的马铃薯害虫。用黏性的黄色诱捕纸板等物诱杀，在开花期进行。作物收获后要深耕翻土，清洁田园，清除残株败叶和田边杂草，以压低虫源基数，减少下一代发生数量，要施用充分腐熟的粪肥，避免使用未经发酵腐熟的粪肥，特别是厩肥。由于潜叶蝇成虫对黄色具有趋性，因此可采用黄板进行诱杀。

（3）药剂防治：应加强测报，掌握在卵孵化高峰期施药。在药剂上可选用1%海正灭虫灵乳油2 000~2 500倍液，或用1.8%虫螨克乳油3 000~5 000倍液。市场上出售的斑潜净是一种很有效的药剂，喷施浓度为每亩30~60g，稀释为1 000~

2 000倍液，在清晨或傍晚喷施。施药间隔 5~7d，根据虫害严重程度，可连续用药 3~5 次，以消灭潜叶蝇的为害。喷药时力求均匀、周到，并注意轮换、交替用药，以延缓害虫抗药性的产生。

七、蓟马

（一）为害症状

该虫一般存活于叶片的背面，吸食叶片皮层细胞，使叶面上产生许多银白色的凹陷斑点，为害严重时可使叶片干枯，破坏叶片的光合作用，降低植株生长势，甚至引起植株枯萎，影响产量。

（二）防治方法

（1）农业防治：改善生长环境，干旱有利于蓟马的繁殖。马铃薯生产田应及时灌溉，可有效减少蓟马的数量，减轻为害。

（2）药剂防治：可用 90%敌百虫 800~1 000倍液，或用 0. 3%印楝素乳油 800 倍液，或每亩用 30~50ml 的 10%氯氰菊酯乳油 1 500~4 000倍液进行叶片正反两面喷施。

八、叶蝉

（一）为害症状

以成虫、若虫吸取叶片汁液，被害叶初现黄白色斑点，渐扩大成片，严重时全叶苍白早落。它们以植物的汁液为食，使植株变弱，也会引入一些毒素进一步为害植株。有些种类还会传播类菌原体病害，如星状黄化和丛枝病。成虫在落叶、杂草或低矮作物中越冬。

（二）防治方法

（1）农业防治：清洁田园，集中销毁。深翻土地，冬耕晒垡。和非本科的作物轮作，水旱轮作最好。选用排灌方便的地块种植马铃薯。使用充分腐熟的农家肥。

（2）药剂防治：10%吡虫啉可湿性粉剂 2 500倍液，或用25%灭幼酮可湿性粉剂 250～300 倍液，或用 25%扑虱灵可湿性粉剂 1 400倍液叶面喷施。

九、地老虎（土蚕）

（一）为害症状

地老虎种类较多，为害马铃薯的主要是小地老虎、黄地老虎和大地老虎等，以幼虫在夜间活动为害。3 龄前幼虫食量小，为害叶片，严重时叶片的叶肉被食光，只剩下小叶柄和叶的主脉。3 龄后钻入 3cm 左右的表土中，为害根、茎。3～6 龄食量剧增，咬食（断）叶柄、枝条和主茎，造成缺株断垄。结薯期为害块茎，将块茎咬食成大小、深浅不等的虫孔，有时幼虫钻入块茎内为害，将块茎食空，造成严重减产和块茎失去商品价值。

（二）防治方法

（1）农业防治：清除田间及周围杂草，减少地老虎雌蛾产卵的场所，减轻幼虫为害。

（2）物理防治：灯光诱杀，利用成虫趋光性，在田间安装黑光灯诱杀。糖醋液诱杀，红糖 6 份，白酒 1 份，醋 3 份，水 10 份，90%敌百虫 1 份，调配均匀，做成诱液装入盆内，放在田间三脚架上，夜间诱杀成虫，白天将盆取回。每隔 2～3d 补加 1 次诱杀液。

（3）药剂防治：毒饵诱杀，将炒黄的麦麸（或秕谷、豆饼、玉米碎粒等）5kg 加 5kg 敌百虫水溶液（敌百虫 100g 加水 5kg 溶解开），充分搅拌均匀，傍晚撒入田间，防治效果好，并可兼治蝼蛄。每亩需麦麸 3kg。拌毒饵也可用 40%的乐果乳油或其他杀虫剂。嫩草、菜叶诱杀，灰灰菜或青叶菜切碎，每 5kg 水加敌百虫 100g（用温水溶解开），拌均匀，傍晚撒入田间。3 龄前幼虫未入土，可用 200 倍敌百虫水溶液喷洒。幼虫 3 龄后入土，每亩可用 750g 敌百虫，先用温水溶解开配成母液，浇水时顺水冲入土壤内，进行防治。

十、蛴螬

（一）为害症状

蛴螬的幼虫，在地下部活动，为害咬食幼嫩的根、茎和块茎，有时会将块茎吃去一半，或食成洞状。当 10cm 地温 13～18℃时活动最盛，为害也最重。土壤湿度大，或小雨连绵的天气为害严重。对未腐熟的厩肥有强烈的趋性。

（二）防治方法

（1）处理有机肥：有机肥使用前，要经过高温充分发酵，杀死幼虫及虫卵，减轻为害。施用未腐熟的农家肥，易发生蛴螬，使用前应拌敌百虫或辛硫磷乳油。

（2）合理使用化肥：碳酸氢铵、腐殖酸铵、氨水、氨化过磷酸钙等化肥，散出的氨气对蛴螬等地下虫有一定的驱避作用。

（3）药剂防治：可选用 50%辛硫磷乳油加水 1 000倍，或用 25%增效喹硫磷乳油加水 1 000倍，或用 40%乐果乳油加水 1 000倍，或用 30%敌百虫乳油加水 500 倍，或用 80%敌百虫可湿性粉剂加水 1 000倍喷洒或灌杀。

（4）土壤处理：播种前用 3%氯唑磷（米乐尔）颗粒剂，

每亩 2~6kg 加细土 50kg，混拌均匀，撒在地表，深耕 20cm。也可在播种时撒入播种沟内，锄后再播种。米乐尔在土壤中有效期为 2~3 个月，还可以有效地兼治金针虫、地老虎、跳甲幼虫、地蛆、根结线虫等地下害虫。

十一、金针虫

（一）为害症状

叩头虫的幼虫，常咬食马铃薯的根和幼苗，并在块茎形成后钻进块茎内取食，使块茎丧失商品价值。咬食块茎过程还可以传播病害，或造成块茎腐烂。

（二）防治办法

参照蛴螬防治方法。

十二、蝼蛄

（一）为害症状

发生为害普遍的是非洲蝼蛄和华北蝼蛄。在盐碱地和沙壤土地为害最重。在 3—4 月开始活动，昼伏夜出，在土表下潜行，咬食马铃薯幼根或把嫩茎咬食断，造成幼苗枯死，缺株断垄。为害多种蔬菜及作物。

（二）防治方法

（1）毒饵防治：参考地老虎防治方法。

（2）黑光灯诱杀：19：00—22：00 在无作物的地块进行，在天气闷热的雨前夜晚效果更好。

（3）马粪诱杀：在被为害的田块地头、地边堆积新鲜的马粪，诱集后扑杀。

第五节　草　害

马铃薯田间杂草可以分为禾本科杂草和阔叶类杂草。禾本科杂草以稗草、狗尾草、野黍和马唐为主；阔叶类杂草以藜、反枝苋、苍耳、铁苋菜、苘麻、卷茎蓼、小蓟、蒿等为主。这些杂草可与马铃薯争夺水、肥、阳光、空间等，对马铃薯的产量影响很大，同时杂草还是许多害虫的寄主，这些害虫可向马铃薯传播病虫草鼠害。防除马铃薯田间杂草要坚持早、小、净3个原则，同时由于马铃薯对除草剂有一定的敏感性，对于苗前使用除草剂时要注意除草剂的残留有效期。马铃薯田除草方法如下。

一、农业防除杂草

（1）轮作：通过轮作降低伴生性杂草的密度，改变田间优势杂草群落，降低田间杂草种群数量。

（2）耕翻：土壤通过多次耕翻后，苦荬菜等多年生杂草被翻埋在地下，使杂草逐渐减少或长势衰退，从而使其生长受到抑制，达到除草目的。

（3）中耕培土：这项措施不仅除草，还有深松、储水保墒等作用。如对露地马铃薯中耕一般在苗高10cm左右进行第一次，第二次在封垄前完成，能有效地防除小蓟、牛繁缕、稗草、反枝苋等杂草。

（4）人工除草：适于小面积或大草拔除。

（5）物理方法除草：利用有色地膜（如黑色膜、绿色膜等）覆盖具有一定的抑草作用。

二、化学药剂防除杂草

（一）禾本科杂草为主的马铃薯田的土壤处理

（1）氟乐灵：为选择性内吸传导型土壤处理剂。播后苗前或移栽前用药，每亩用48%氟乐灵乳油100~125ml，对水40~50kg，均匀喷雾土表。对一年禾本科杂草如马唐、牛筋草、狗尾草、旱稗、千金子、早熟禾、硬草等防除效果优异，对马齿苋、藜、反枝苋、婆婆纳等小粒种子的阔叶杂草也有较好的防效。使用时应注意：①准确掌握用药量，力求喷洒均匀；②整地要细，整地不细，土块中杂草种子接触不到药剂，遭雨土块散开仍能出草；③提高拌土质量，减少露药，氟乐灵易光解失效，施药后应立即拌土，把药混入土中，一般要求喷药后8h内拌土结束，药剂入土深度3~5cm；④低温干旱地区，氟乐灵施入土壤后残效期较长，因此下茬不宜种植高粱、水稻等敏感作物；⑤氟乐灵对大粒种子的阔叶杂草，如铁苋菜、鳢肠、蓼、苍耳、苦荬菜、龙葵的效果较差，对狗芽根、香附子、小蓟、田旋花等宿根性多年生杂草效果很差或基本无效，因此在上述这些杂草多的马铃薯田，应与其他除草剂搭配或混配使用。

（2）二甲戊乐灵（施田补）：为选择性内吸传导型土壤处理剂，播后苗前或移栽前用药，每亩用33%施田补乳油150~200ml，对水40~50kg均匀喷雾土表，可以有效地防除一年生禾本科杂草及部分阔叶杂草，如稗草，马唐、狗尾草、早熟禾、看麦娘、马齿苋、藜、寥等。使用时如遇干旱，应混土3~5cm，以提高防除草较多的田块，可考虑同其他除草剂混用。

（3）敌草胺：为选择性内吸传导型土壤处理剂。播后苗前或移栽前，杂草萌发出土前施药，每亩用20%敌草胺乳油

200~300g，或用50%大惠利可湿性粉剂100~150g，对水40~50kg均匀喷雾地表，对一年生禾本科杂草，如旱稗、马唐、牛筋草、千金子、狗尾草、早熟禾等，有较好的防除效果，对马齿苋、藜、繁缕、蓼等阔叶杂草也有一定的效果。使用时应注意：①敌草胺在土壤湿润条件下，除草效果好，如土壤干旱应先浇灌再施药，以提高防效；②敌草胺对已出土的杂草效果差，应及早施药，使用前应清除已出土的杂草。

（4）地乐胺：选择性芽前土壤处理剂。播后苗前或移栽前，杂草出苗前用药，每亩用48%地乐胺乳油150~200ml，对水60kg均匀喷雾地表，能有效防除稗草、牛筋草、马唐、狗尾草、苋、藜、马齿苋等一年生禾本科杂草及部分阔叶杂草。注意施药后要混土，混土深度为3~5cm。

（二）阔叶草为主的马铃薯田的土壤处理

嗪草酮（赛克津）为选择性内吸传导型土壤处理剂。播前或播后苗前用药，每亩用70%赛克津防除多种阔叶杂草和某些禾本科杂草，如藜、寥、马齿苋、苦荬菜、繁缕、萹蓄、苍耳、稗草、狗尾草等。使用时应注意：①施药后遇有较大降雨或大水漫灌，易产生药害；②播前施药后混土5~7cm，播后苗前用药后浅混土2~3cm。

（三）禾本科杂草和阔叶杂草混生马铃薯田的土壤处理

（1）绿麦隆：为选择性内吸传导型土壤处理剂。播后苗前或移栽前，杂草芽前或萌发出土早期用药。每亩用25%绿麦隆可湿性粉剂250~300g，对水40~50kg均匀喷雾土表，能有效地防除看麦娘、繁缕、早熟禾、狗尾草、马唐、稗草、苋、藜、卷耳、婆婆纳等多种禾本科及阔叶杂草。对猪殃殃、大巢菜、苦荬菜、田旋花效果差。使用时注意：①土壤湿润有利于药效发挥，如土壤干旱，应先灌水再施药；②绿麦隆对某些杂草效果差，可与其他除草剂混用，以提高药效，扩大杀草谱；③绿麦隆在土壤中残留时间长，分解慢，施药不均匀或单位面积用药量过大，影响后茬作物生长；④绿麦隆溶解性差，使用时应先将可湿性粉剂加少量水搅拌，然后加水进行稀释。

（2）乙氧氟草醚（果尔）：为选择性触杀型土壤处理又兼有苗后茎叶处理作用的除草剂。播后苗前或播种（移栽）前用药。每亩用24%果尔乳油40~50ml，对水60kg均匀喷雾土表，可防除稗草、千金子、牛筋草、狗尾草、硬草、婆婆纳、鳢肠、蓼等多种一年生杂草，对多年生杂草效果差。使用时注意：①初次使用时，应根据不同气候带，进行小规模试验，找出适合当地使用的最佳施药方法和最适合剂量后，再大面积使用；②果尔为触杀型除草剂，喷药要均匀周到，施药剂量要准；③勿使药剂污染水源。

（3）旱草灵：为选择性土壤除草剂。播后芽前或移栽前用药。每亩用42%旱草灵乳油70~120ml，对水60~120kg均匀喷雾土表。可防除千金子、马唐、牛筋草、硬草、看麦娘、棒头草、繁缕、婆婆纳、苘麻、鳢肠、通泉草等多种一年生杂草。注意勿使药剂污染水源。

（4）恶草灵：选择性触杀型土壤处理除草剂。播后苗前或移栽前用药。每亩用25%恶草灵乳油100~150ml，对水60kg均匀喷雾土表。可以防除一年生禾本科杂草和阔叶杂草，如马唐、稗草、千金子、牛筋草、鳢肠、铁苋菜、蓼、苋、藜、泽漆等。对石竹科杂草无效。使用时注意：①土壤湿润是药效发挥的关键；②泥块要整细，喷施要均匀，对已出土的杂草，施药前要清除；③恶草灵对多年生杂草和块根类杂草效果差，应注意与其他除草剂搭配使用。

（5）利谷隆：选择性芽前、芽后除草剂，具有内吸和触杀作用。播后苗前或移栽前、杂草出土前至3~4叶期用药。

每亩用50%利谷隆可湿性粉剂100~125g，对水40~50kg均匀喷雾土表，可以防除多种阔叶杂草和禾本科杂草，如马唐、稗草、牛筋草、狗尾草、早熟禾、苋、藜、繁缕等。使用时注意，土壤干旱将降低除草效果，而配合灌水可提高药效。

（四）禾本科杂草为主的马铃薯田处理

（1）高效吡氟氯禾灵（高效盖草能）：为选择性内吸传导型茎叶处理剂。一年生禾本科杂草3~6叶期，每亩用10.8%高效盖草能乳油20~30ml，对水40~50kg均匀喷雾杂草茎叶。以多年生禾本科杂草为主，在生长旺盛期，每亩用10.8%高效盖草能乳油40~50ml，对水40~60kg均匀喷雾杂草茎叶。可有效防除稗草、千金子、马唐、狗尾草、看麦娘、硬草、棒头草、狗牙草等禾本科杂草，对阔叶杂草和莎草科杂草无效。使用时注意：①喷雾要均匀周到，并保持施药后3h内无雨，以免影响药效；②对禾本科作物敏感，勿喷到邻近水稻、麦子、玉米等禾本科作物上，以免产生药害。

（2）精吡氟禾草灵（精稳杀得）：为选择性内吸传导型茎叶处理剂。一年生禾本科杂草2~5叶期，每亩用15%精稳杀得乳油30~60ml，对水40~60kg均匀喷雾杂草茎叶。以多年生禾本科杂草为主，在生长旺盛期，每亩用15%精稳杀得乳油80~120ml，对水40~60kg均匀喷雾杂草茎叶。能防除看麦娘、硬草、千金子、马唐、牛筋草、狗尾草、棒头草等禾本科杂草，对阔叶杂草和莎草科杂草无效。使用时注意：喷雾要均匀周到，保证药效充分发挥。精稳杀得对禾本科作物敏感，切勿喷到邻近水稻、麦子、玉米等禾本科作物上，以免产生药害。

（3）喹禾灵（禾草克）：为选择性内吸传导型茎叶处理剂。一年生禾本科杂草2~5叶期，每亩用10%禾草克乳油60~80ml，对水40~50kg均匀喷雾杂草茎叶。以多年生禾本科杂草为主，在生长旺盛期，每亩用 10% 禾草克乳油 150～250ml，对水 40～60kg 均匀喷雾杂草茎叶。能防除稗草、千金子、马唐、狗尾草、牛筋草、看麦娘、硬草、早熟禾、棒头草、狗牙根等。对阔叶杂草和莎草科杂草无效。使用时注意：喷施要均匀周到，并保持施药后 1h 内无雨，以免影响药效。禾草克对禾本科作物敏感，使用时切勿喷到邻近水稻、麦子、玉米等禾本科作物上，以免产生药害。

（4）稀禾定（拿捕净）：为选择性强的内吸传导型处理除草剂。禾本科杂草 2 叶至 2 个分蘖期用药，每亩用 20%拿捕净乳油 60～100ml，对水 40～50kg 均匀喷雾杂草茎叶。能有效防除一年生禾本科杂草，如旱稗、狗尾草、马唐、牛筋草、看麦娘等，适当提高用量也可防除狗牙根等多年生禾本科杂草。使用时注意：干旱或杂草较大时杂草的抗药性强，用药量应酌加。施药作业时药液雾滴不能飘移到邻近的单子叶作物上。

（5）恶唑禾草灵（威霸）：为选择性芽后传导型除草剂。防除一年生禾本科杂草，如看麦娘、稗草、千金子、狗尾草、牛筋草等，于杂草出苗后 2 叶期至分蘖期前用药，每亩用 12%威霸乳油 30～45ml，对水 40～50kg 均匀喷雾杂草茎叶。防除狗牙根等多年禾生本科杂草于生长旺盛期用药，每亩用 12%威霸乳油 40～100ml 均匀喷雾杂草茎叶。使用时注意：①在单、双子叶杂草混生的马铃薯田可与其他除草剂混用；②本品对鱼类有毒，应防止污染水源。

第六节 鼠 害

马铃薯从播种直到成熟收获后都可遭受鼠害。在马铃薯田中，以采收的中后期鼠害为害较重。

一、预防

（1）苗床：播种后覆盖地膜，苗床四周滴煤油驱避老鼠，投放毒饵诱杀老鼠。

（2）田间：露地栽培时，在早春对马铃薯种植田四周进行调查，发现鼠洞处，采取对鼠洞灌水、投毒饵、放置鼠笼、鼠夹等方法进行捕杀；消灭田间杂草，恶化老鼠的隐蔽空间，可减轻受害。棚室栽培时，门要严，以免老鼠钻入，也应查找四周和棚室内的鼠洞，进行捕杀；也可以在棚室内放猫捕鼠。

二、毒饵诱杀

用0.02%溴敌隆或0.1%敌鼠钠盐制成毒饵，常用饵料为玉米渣、小麦、谷子及瓜果等。一般每亩投放鼠药50g，每隔10m左右投放一堆，每堆5g，粮食类的饵料先煮至半熟，然后晾至七成干，拌入少许香油，将饵料及药剂拌在一起即可。

为了安全，最好将毒饵放入毒鼠箱中，毒鼠箱可用木质，长30cm以上，两端开直径3~5cm的空洞，使鼠类能自由进入随意取食，可防止毒饵外泄或鸟类等其他生物误食中毒。

第七节　不良环境造成的危害

一、低温冷害

（一）危害症状

低温对马铃薯的幼苗、成株和储藏中的块茎，都能造成不同程度的危害。

受冻的叶片变褐，当潮湿时变黑。植株上部首先受冻。早春在同一地块的洼地，通常是低的部位可能是唯一受冻害的，尽管产量可能下降，但植株通常能从早期伤害下恢复过来（春季早熟栽培受晚霜危害）。低温过后叶原基可能受到伤害，但不是真正的受冻组织，受到冻害后，叶片的形态可能会变得卷曲，有黄色的斑块或局部病斑，或者有一些小空洞。

块茎受害，淀粉大量转化成糖分；急剧的降温达到0℃以下，会使块茎的维管束环变褐或薯肉变黑，严重时，薯肉薄壁细胞结冰，造成薯肉失水、萎缩。受冻的块茎解冻后软化成海绵状，有水液从受伤处和芽眼处渗出。横切块茎变成粉红色，然后转成黑色并腐烂。受冻块茎干燥后坚硬白垩化（冬季）。受低温伤害的块茎不能作种用。

（二）预防措施

应根据各地自然条件和无霜期，选择适宜的马铃薯栽培品种或品系，调节好播种期，躲过早霜或晚霜的危害。二季作区春季早熟栽培注意防晚霜，秋季培土适当加厚以防霜冻，保护块茎。冬季储藏注意防冻，以1~4℃为宜。北方一季作区对窖藏的块茎，应严格控制储藏温度，储藏种薯应保持2~4℃，食用薯为4~6℃，加工原料薯8~10℃。

二、高温危害

（一）危害症状

高温造成小叶尖端和叶缘褪绿，变褐，最后叶尖变成黑褐色而枯死，枯死部分呈向上卷曲状，俗称“日烧”。保护地温室、大棚进行早熟栽培时，应注意高温危害。

（二）预防措施

在高温干燥天气来临前，进行田间灌溉，增施有机肥料，增强土壤保水能力，分期培土，减少伤根等都可以减轻此危害。保护地栽培注意通风降温，及时揭去塑料薄膜。

三、药害

（一）危害症状

近年来，用于病虫草鼠害防治的农药种类不断增加，有些农民忽视使用农药的注意事项，没有严格掌握农药的稀释倍数、用量、使用次数、时间和农药残留时效，而盲目使用，因而时常发生药害。受药害的马铃薯主要表现在地上部，出现植株萎缩、生长迟缓，叶片黄化、卷缩或扭曲，块茎出现畸形、龟裂等。

（二）防治措施

（1）认真阅读说明书：使用任何农药，必须先详细阅读使用说明书，严格按照说明书使用，掌握好使用时的稀释浓度、用量、使用时期和次数、使用方法等。

（2）进行小面积试验：如对某种新农药没有确切的把握，也可在大田的边行进行少量试验，有效时，方可全面使用。

四、生理病害

（一）畸形薯

1. 发病症状

块茎畸形，疙瘩状，不规则形状，是二次生长所形成的，是块茎在不良环境条件下形成膨大后，因为环境条件改善，块茎重新生长膨大所造成的。如遇干旱块茎停止生长膨大，再浇水，块茎顶部或芽眼附近的组织重新生长膨大，产生子薯(也称次生薯)。

中原二季作区春季收获过晚，受高温影响，块茎顶部萌发生芽，可生长成一个芽或带小叶的地上茎。当温度下降后，块茎顶部芽可膨大成次生薯。

2. 预防措施

防止块茎生长异常应定期浇水，以保证均匀的生长条件，科学配方施肥，增强土壤的保水、保肥能力，根据马铃薯不同生育阶段对水分的需求情况，适时适量灌溉；加强中耕培土，减少土壤水分蒸发；选择抗旱、不易发生二次生长的品种。适当提前收获（春季），避免高温影响。

(二) 块茎损伤

1. 损伤症状

指收获后的块茎，其表面常有较浅（1~2mm）指痕状裂纹，多发生在芽眼稀少的部位。指痕伤主要是块茎从高处落地后，接触到硬物或互相强烈撞击、挤压造成的伤害。一般收获较迟，充分成熟的块茎，以及经过短期储藏的块茎更易发生指痕伤。由于伤口较浅，易愈合，很少发生腐烂现象，如能在块茎运输或搬运时，适当提高温度，使其尽快愈合，可以减少损失。

压伤的发生是块茎入库时操作过猛，或堆积过厚，底部的块茎承受过大的压力，造成块茎表面凹陷。伤害严重时则不能复原，并在伤害部位形成很厚的木栓层，其下部薯肉常有变黑现象。提早收获的块茎，由于淀粉积累较少，更易发生这种压伤。

周皮脱落是块茎在收获或收获后的运输、储藏或其他作业时，造成块茎周皮的局部脱落。脱落的周皮处变暗褐色。

周皮脱落的原因是由于土壤湿度过大，或氮素营养过剩，或日照不足，或收获过早等，块茎周皮稚嫩，尚未充分木栓化，极易损伤。

2. 预防措施

为防止指痕伤和压伤的发生，在收获、运输和储藏过程中，块茎不要堆积过高。尽量避免各种机械操作和块茎互相撞击。防止周皮脱落，应在马铃薯生育过程中避免过多施用氮肥、收获前停止灌溉等；收获后的块茎要进行预储，促使块茎周皮木栓化；收获和运输过程中，要轻搬轻放，避免块茎之间撞击和摩擦。

（三）皮孔肥大

1. 症状

在正常情况下，块茎的皮孔很小。在马铃薯块茎膨大期或收获前，当土壤水分过多或储藏期间湿度过大时或通气不良，块茎得不到充足的氧气进行呼吸或气体交换时，皮孔胀大并突起，皮孔周围的细胞裸露，易被细菌侵入，导致块茎腐烂。

2. 预防措施

为防止皮孔胀大、细胞裸露，在马铃薯生育期间，要高培土、高起垄；生育后期要控制浇水；多雨天气，及时进行排水，避免田间积水；块茎成熟，及时收获；收获后的块茎要进行预储；储藏期间适当通风，避免窖内湿度过大。

（四）绿皮块茎

1. 症状

马铃薯块茎的绿皮是由于块茎长时间暴露于光下引起的。在马铃薯生育期间，由于培土少或不及时，或垄受暴雨冲刷，或田间机械作业等使垄上的土塌下，垄中生长的块茎裸露，薯皮见光后变绿。裸露于垄外的块茎，则不能正常膨大。块茎储藏期间，窖内的散射光或照明灯虽然光线微弱，但长时间也能使块茎薯皮变绿。绿皮块茎产生叶绿素和龙葵素（茄素），龙葵素是一种有毒物质，人吃多了会中毒，引起呕吐。作种的块茎，薯皮变绿，可减少细菌的感染和腐烂，不影响种用质量。

2. 预防措施

(1) 及时中耕培土，防止薯块外露。

(2) 避光作业。鲜食用薯或加工用的原料薯在收获和运输过程中，及时覆盖，避光作业。在储藏过程中，也要避免散射光长时间对块茎的照射。

(3) 因品种间对光的敏感性不同，如费乌瑞它对光非常敏感，薯皮见光很易变绿；克新 4 号对光则不敏感。因此还应针对光的反应特性，采取相应的措施。

(五) 空心块茎

1. 症状

马铃薯空心发生于块茎的髓部，但块茎的外部和地上部无任何症状。块茎髓部空心的周围形成木栓质组织，呈星形放射状，煮熟后，硬而脆。块茎急剧增长膨大是产生空心的主要原因。马铃薯由于种植密度过稀，生育期高肥、足水，吸收了大量水分，块茎急剧增大，光合作用制造的碳水化合物在块茎中积累少，而块茎膨大速度快，造成髓部空心。此外，块茎缺钾时也易发生空心。空心。也与品种有关，有些品种易产生空心，如炸片专用型品种大西洋的大块茎多发生空心，而有些品种在肥水充足的情况下，块茎长得很大，也无空心发生。

2. 预防措施

选择不易空心品种；对于易空心品种应适当密植，配方施肥、增施钾肥，在块茎膨大期保持适宜的土壤湿度，加强田间管理，采用综合栽培措施，控制块茎膨大过速。

(六) 黑心块茎

1. 症状

块茎黑心也称块茎黑色心腐病，其症状多出现在块茎内部，块茎外观无症状。切开块茎后，可见中心部位呈现黑色或褐色不规则斑块或斑纹，变色部位轮廓清晰，但形状不规则。有的变黑部位失水变硬，呈革质状；有的变黑部分分布在薯肉内。储藏过程中，黑心块茎不易腐烂，但发病严重时，黑心部分延伸到芽眼部位，薯皮局部变褐并凹陷，易受细菌感染，发生腐烂。中原二季作区春薯内部灼伤坏死，是田间一种不太严重的高温损害，受害的细胞变成铁锈色，特别是在大的块茎中央。内部灼伤坏死，在沙土、暴露在太阳光下、茎叶早死和收获推迟情况下，通常很严重。

产生黑色心腐病的主要原因是高温和通风不良。块茎收获后或在运输过程中，堆积过厚，通风不良，内部供氧不足，缺氧呼吸则造成块茎黑心。黑心病的出现与温度有关，在温度较低、缺氧的情况下，由于种薯的呼吸强度减弱，黑心症状发展较慢。在高温缺氧的条件下，黑心病发展很快，40~42℃的高温时 1~2d、36℃时 3d；27~30℃时 6~12d 即能发生黑色心腐病。用黑心的块茎播种后，大部分腐烂而不能出苗。

2. 预防措施

（1）在块茎储藏和运输过程中，避免高温和通风不良。

（2）储藏期间薯层不能堆积过厚，同时薯层之间要留通风道，保持良好的通气性，并保持适宜的储藏温度，运输过程中，薯层要有遮阴防雨篷布，避免长时间日晒。

参考文献

巩发永，王广耀，彭徐 . 2018. 马铃薯食品加工技术与质量控制［M］. 成都：西南交通大学出版社.

刘锋明 . 2018. 马铃薯生产技术［M］. 北京：中国农业出版社.

张和义，王广印，李衍 . 2018. 马铃薯优质高产栽培［M］. 北京：中国科学技术出版社.